蓝色海洋丛书

镶金的渤海

徐彩虹 编写

吉林出版集团股份有限公司

图书在版编目（CIP）数据

镶金的渤海 / 徐彩虹编写. —— 长春：吉林出版集团股份有限公司，2013.9

（蓝色海洋）

ISBN 978—7—5534—3322—6

Ⅰ. ①镶… Ⅱ. ①徐… Ⅲ. ①渤海－青年读物②渤海－少年读物 Ⅳ. ①P722.4-49

中国版本图书馆CIP数据核字(2013)第227233号

镶金的渤海
XIANGJIN DE BOHAI

编　　写　徐彩虹
策　　划　刘　野
责任编辑　祖　航　关锡汉
封面设计　艺　石
开　　本　710mm×1000mm　　1/16
字　　数　75千
印　　张　9.5
定　　价　32.00元
版　　次　2014年3月第1版
印　　次　2018年5月第4次印刷
印　　刷　黄冈市新华印刷股份有限公司

出　　版　吉林出版集团股份有限公司
发　　行　吉林出版集团股份有限公司
地　　址　长春市人民大街4646号
　　　　　邮编：130021
电　　话　总编办：0431-88029858
　　　　　发行科：0431-88029836
邮　　箱　SXWH00110@163.com
书　　号　ISBN 978-7-5534-3322-6

前　言

　　远观地球，海洋像一团团浓重的深蓝均匀地镶嵌在地球上，成为地球上最显眼的色彩，也是地球上最美的风景。近观大海，它携一层层白浪花从远方涌来，又延伸至我们望不见的地方。海洋承载了人类太多的幻想，这些幻想也不断地激发着人类对海洋的认知和探索。

　　无数的人向着海洋奔来，不忍只带着美好的记忆离去。从海洋吹来的柔软清风，浪花拍打礁石的声响，盘旋飞翔的海鸟，使人们的脚步停驻在这片开阔的地方。他们在海边定居，尽情享受大自然的馈赠。如今，在延绵的海岸线上，矗立着数不清的大小城市。这些城市如镶嵌在海岸的明珠，装点着蓝色海洋的周边。生活在海边的人们，更在世世代代的繁衍中，产生了对海洋的敬畏和崇拜。从古至今的墨客们在海边也留下了他们被激发的灵感，在他们的笔下，有美人鱼的美丽传说，有饱含智慧的渔夫形象，有"洪波涌起"的磅礴气魄……这些信仰、神话、诗词、童话成为人类精神文明的重要载体之一。

　　为了能在海洋里走得更深、更远，人们不断地更新航海、潜水技术，从近海到远海，从赤道到南北两极，从海洋表面到深不可测的海底，都布满了科学家和海洋爱好者的足印。在海底之旅的探寻中，人们还发现了另一个多姿的神秘世界。那里和陆地一样，有一望无际的平原，有高耸挺拔

的海山，有绵延万里的海岭，有深邃壮观的海沟。正如陆地上生活着人类一样，那里也生活着数百万种美丽的海洋生物，有可以与一辆火车头的力量相匹敌的蓝色巨鲸，有聪明灵活的海狮，有古老顽强的海龟，还有四季盛开的海菊花……它们在海里游弋，有的放出炫目的光彩，有的发出奇怪的声音。为了生存，它们运用自己的本能与智慧在海洋中上演着一幕幕生活剧。

除了对海洋的探索，人类还致力于对海洋的利用与开发。人们利用海洋创造出更多的活动空间，将太平洋西岸的物质顺利地运输到太平洋东岸。随着人类科技的发展，海洋深处各种能源与矿物也被利用起来以加快经济和社会的发展。这些物质的开发与利用也使得海洋深入到我们的日常生活中，不论是装饰品、药物、天然气，还是其他生活用品，我们总能在周围找到有关海洋的点滴。

然而，海洋在和人类的关系中，也并不完全是被动的，它也有着自己的脾气和性格。不管人们对海洋的感情如何，海洋地震、海洋火山、海啸、风暴潮等这些对人类造成极大破坏力的海洋运动仍然会时不时地发生。因此，人们在不断的经验积累和智慧运用中，正逐步走向与海洋更为和谐的关系中，而海洋中更多神秘而未知的部分，也正等待着人类去探索。

如果你是一个资深的海洋爱好者，那么这套书一定能让你对海洋有更多更深的了解。如果你还不了解海洋，那么，从拿起这套书开始，你将会慢慢爱上这个神秘而辽阔的未知世界。如果你是一个在此之前从未接触过海洋的读者，这套书一定会让你从现在开始逐步成长为一名海洋通。

万里滔滔话渤海

　　中国的内海渤海，海域面积7.8万平方千米，海岸线全长5 700米，在这么绵长的海岸线上，排列着大小港口60多个，分布着大大小小100多个城镇。早在9000年前，渤海还是一片浅洼地，地势低平，后来海面上升，海水入侵形成今日之渤海。从高空俯瞰，这个曾被古人称为"沧海"的海洋，如同一条镶嵌着珠子的金项链，闪耀在中国的东北。

微倾的葫芦

渤海地处中国大陆东部的最北端，是一个近封闭的内海，具体位置在北纬37°07′—41°、东经117°35′—121°10′的区域。它一面临海，三面环陆，由河北、山东、辽宁三省和天津市环抱，北面是辽宁，西面是河北、天津，南面是山东，仅东面以渤海海峡与黄海相通。辽东半岛的老铁山与山东半岛北岸的蓬莱角间的连线即为渤海与黄海的分界线。放眼眺望，渤海形如一只侧卧于华北大地的葫芦，向东北—西南方向微倾，其底部两侧即为莱州湾和渤海湾，顶部为辽东湾。

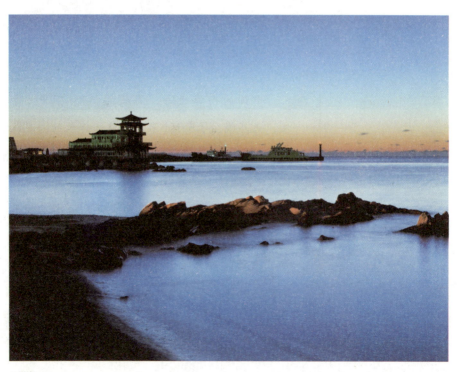

▲渤海

渤海东隔渤海海峡与太平洋相望，东南与华东区为邻，西与中国华北地区相邻，并通过亚欧大陆桥与中亚、东欧及西欧相通，西南与中南区相接，北与东北地区相连。

环渤海地区周边地势较高，逐渐向渤海倾斜，西有吕梁山，南有中条山、豫北山地及黄淮平原，北部有内蒙古高原、阴山山脉、七老图山、努鲁儿虎山，中部为华北平原和辽河平原，东部有辽东半岛的龙岗山、千山和山东丘陵，这些构成了环渤海地区的天然屏障。

汇入渤海的河流共有40余条，主要河流有黄河、海河、辽河和滦河。黄河的入海口在山东东营市，海河的入海口在天津塘沽区，辽河的入海口在盘锦市，滦河的入海口在河北乐亭县。

地貌的差异

渤海的形成，在地质史上经历了沧桑巨变。渤海因近似封闭，其水文、物理等诸方面受陆地影响很大。

辽河、滦河、海河、黄河等河流注入带来的泥沙不断沉积，改变着海底和海岸地貌。大量泥沙的堆积使渤海深度变浅，整个海底从辽东湾、渤海湾和莱州湾三个海湾向中央浅海盆地及东部渤海海峡倾斜，平均倾斜坡度0′28″。辽东湾的地势是从湾顶和两岸向中央倾斜，且东侧较西侧深，最深处达30余米。渤海湾地势也从湾顶向渤海中央倾斜，湾内水很浅，一般小于20米。莱州湾以黄河三角洲向海凸出而与渤海湾分隔开，湾内地势平坦，略向渤海中央倾斜，水深一般10～15米，最深约18米。渤海中央盆地是一个北窄南宽，近于三角形的浅水洼地，地势较平坦，中部低下，东北部稍高，水深20～25米。

由天津塘沽附近的海河口至北隍城岛的连线，把渤海分成南、北两部分，其地貌特点有明显差异。一般，海岸分为粉沙淤泥质海岸、沙砾质海岸和基岩海岸三种类型。渤海南部海区，由于有含沙量居世界第一位的黄河注入，又受海河泥沙的影响，河口区在天津至山东羊角沟之间摇摆，使该区有较大的扇形三角洲堆积体，因此渤海湾沿岸为粉沙淤泥质海岸。滦河口以北的渤海西岸海底为沙质沉积物覆盖，属沙砾质

▲渤海

海岸。而辽东半岛海岸多由石英岩组成。山东半岛插入黄海中，海岸多为花岗岩，因此山东半岛北岸和辽东半岛西岸主要为基岩海岸。

天堑变通途

渤海海峡处于辽宁省的辽东半岛南面，确切的位置是指辽东半岛南端的老铁山角与山东半岛蓬莱之间的峡湾海域，其最近距离为109公里，是渤海与黄海的天然分界线。它西面与渤海相连，东面与黄海毗邻。长山列岛分布在渤海海峡的中部和南部，渤海海峡两端最短距离约106公里，是由外海进入渤海的主要通道。

渤海海峡中散布着不少岛屿，其中庙岛群岛最为出名。群岛共有30余个岛屿，呈东北—西南走向。海岛一字排开，其中较大的有北隍城岛、大钦岛、砣矶岛、高山岛、大黑山岛、北长山岛和南长山岛等。南长山岛陆域面积13平方公里，是渤海海峡中面积最大的岛。这些海岛海拔高度不高，大多在150~200米之间，位于海峡中部的大钦岛高出海面202米，是海峡中海拔高度最高的岛。

渤海海峡中的这些岛屿形成了许多大致呈东西走向的水道。这些水道把海峡切成了许多段，海峡中的岛屿似张开的手指，而水道像指缝，水流从中穿越。水流长期地反复冲刷，使得原本浅浅的水道变得又陡又深。渤海海峡北部水道宽而深，南部水道窄而浅，以老铁山水道、长山水道、登州水道最为重要。老铁山水道最深处达83米，而登州水道仅10~30米，其余在20~40米之间。商船常走老铁山、长山、庙岛三条水道。

从辽东半岛沿海岸到胶东半岛，形如英文字母C，渤海海峡横亘在两大半岛之间，成为华东到东北地区的天堑，阻断了大连和烟台这两个直线距离只有165公里的城市。

目前，在两个半岛之间的交通线主要是海运和通过铁路、公路绕行山海关。但绕行山海关，路程均在1 600公里以上，运输效率低，运输成本高。大连到烟台乘船需7个小时左右，但每年均有1个多月因风浪影响不能通航。虽然陆海结合的烟大铁路轮渡已经运行，但因承担了绝大多数的客货运输量，往来仍耗时太长。

近年来，专家组开始进行渤海海峡跨海通道研究。其基本设想是利用渤海海峡的有利地理条件，从山东蓬莱经长岛至辽宁旅顺，建设公路和铁路结合的跨越渤海海峡的直达快捷通道，将渤海C形通道变成四通八达的Φ形网络，使大连市与烟台市的铁路运距缩短。

如果跨海通道建成，从辽东半岛跨越大海到山东半岛只需要2个小时，东北货物可以迅速直接到达山东半岛，并直通苏北和长三角及珠三角地区。该跨海通道更可全天候运行，大大增强了空间可达性。

▲威海风光

7

敏感的鼻子

渤海地处北温带，夏无酷暑，冬无严寒，多年平均气温为10.7℃，降水量为500～600毫米。渤海是季节性的结冰海域，水温变化一方面受北方大陆性气候影响，严冬来临，除秦皇岛和葫芦岛外，沿岸大都冰冻。3月初融冰时还常有大量流冰发生，平均水温11℃。另一方面，海水热力动态深受陆地的影响，表层水温季节变化明显。冬季水温在0℃左右，夏季水温可达25℃。又由于大量的淡水注入，渤海海水中的盐度为中国近海中最低的。

以时间为轴，纵观渤海的气候，并不常年都如此温顺。它犹如一只敏感的鼻子，在气候变化的第一时间，改变着这种表面平静的"性格"。

1969年1月下旬至3月中旬，整个渤海几乎全部被海冰覆盖，几米厚的海冰封堵渤海达50天之久，冰层厚度为20～40厘米，最大单冰层达80厘米，堆积冰厚达9米。1969年2月5日至3月5日，进出天津塘沽港的123艘客货轮中，有58艘被海冰冻住，多艘客货轮船被碰坏，海上航标灯全部被海冰冲毁，天津港务局观测平台被海冰推倒，海洋石油1号、2号钻井平台倒塌，损失高达数亿元。

除了风暴和海冰的威胁，气候的变暖及少雨也导致渤海赤潮灾害日渐加重。春夏温暖季节，渤海水温较高，海流缓慢，赤潮生物的生长和繁殖迅速。1989年8月5日到10月14日渤海西部发生了面积达1 300平方千米的赤潮，使黄骅、沧州、天津、潍坊、莱州对虾减产损失达2亿元。

渤海三面环陆，东面以渤海海峡与黄海相连，是个瓶颈式的半封闭内海，自身水体交换异常缓慢，整个渤海海水的循环周期需要40~200年，自身的纳污净化能力非常有限。而渤海沿岸港口及工业城镇很多，使得渤海的水质明显下降。

渤海环境质量主要受陆域活动影响。渤海湾沿岸有大小港口近百个，黄河、小清河、海河、大辽河、滦河等40多条河流常年注入渤海，此外天津、河北、山东和辽宁等地沿海城镇工业废水和生活污水直接入海，导致渤海污染非常严重。近年来进入渤海的年污水量达28亿吨，占全国排污水量的32%。各类污染物质达70多万吨，占全国入海污染物质总量的47.7%，渤海成为一个人工纳污池，海中的主要污染物质是无机氮、磷酸盐、油类以及有机物和重金属（汞、铅）等。

据不完全统计，中国渤海从有赤潮记录以来截至2006年底，总共发生赤潮110次，赤潮累计面积约40 700平方千米。其中，在1952年至1989年的37年中，渤海共记录到赤潮3次，累计赤潮发生面积3 320平方千米，平均每年发生赤潮接近0.1次，平均每年赤潮发生面积约90平方千米。进入20世纪90年代，渤海赤潮发生的频率和面积明显增加，10年中共记录到赤潮27次，赤潮发生面积累计17 530平方千米，平均每年发生赤潮2.7次，每年发生赤潮面积超过1 750平方千米，分别为

海水污染

1952年到1989年间的27倍和20倍。进入21世纪以来，渤海发生赤潮的频率和面积进一步扩大，从2000年到2006年的7年中共记录到赤潮80次，累计赤潮发生面积约19 800 平方千米，平均每年发生赤潮11.4次，赤潮发生面积2 830 平方千米，分别是20世纪90年代平均值的4.2倍和1.6倍。

海洋水文和海洋动力学特性对污染物的扩散起着重要的作用，污染物浓度变化不大时，渤海受污染的面积也逐年扩大。由于渤海只有106公里的海峡与黄海进行水交换，大量有害有毒物质长期积累在内海里无法扩散。大部分受污染海区靠近海岸带，尤其是在河口地区，以辽东湾、渤海湾和莱州湾的污染最为严重，三湾的污染量占整个渤海污染总量的92%。海洋监测专家警告，如果再不采取果断措施遏制污染，渤海将在10年后变成死海。

国家环保总局正组织实施以控制陆源污染为内容的"碧海行动"计划，计划在2001年到2015年初步修复渤海水域的生态系统。

从2001年碧海行动计划实施以来，计划进展顺利，初步遏制了渤海海洋环境恶化趋势。渤海及其附近海域的海洋环境明显好转，污染物排放总量削减，水质状况得到改善。2011年到2015年渤海碧海行动计划的基本目标是海域环境质量明显好转，生态系统初步改善。

生态调节器

渤海沿岸汇入的河流众多，有50多条，其中莱州湾沿岸19条，渤海湾沿岸16条，辽东湾沿岸15条，入海河流每年携带大量泥沙堆积成渤海三大海湾湿地，在湾顶处形成宽广的辽河三角洲湿地、黄河三角洲湿地和七里海湿地。这些湿地为调节和改善渤海沿岸的生态环境起重要的作用。

辽河三角洲湿地

辽河三角洲地处辽河、大辽河入海口交汇处，域内的双台河口（即辽河口）国家级自然保护区位于辽宁省盘锦市境内，距市区约30公里，总面积12.8万公顷，是目前世界上保存最好，面积最大，植被类型最完整的生态地块。

双台河口自然保护区属河流下游平原草甸草原区，其独特的地理环境，孕育了美丽怡人的湿地风光。这里有绵延数百平方公里、面积居世界第一的芦苇荡，有一望无际的天下奇观红海滩，有始终如一的自然原始风貌，这一切使盘锦获得了"国家级生态示范区"的美誉。

双台河口自然保护区以苇田、沼泽草地、滩涂为主。区内木本植物较少，只有零星的杨、柳、榆树及柽柳灌木丛。草本植物却有芦苇、香蒲、牛鞭草、水木贼、慈菇、三棱草、碱蓬、水蒿等126种之多。区内主要的芦苇沼泽东起双台子河东岸，西至大凌河下

▲芦苇荡

游，北起小台子村，南至海岸。沼泽区平均水深20～30厘米，变动较小。

正是这浩瀚的苇海，为野生动物提供了栖息、繁殖的好地方，使得这片湿地成为了东亚至澳大利亚水禽迁徙路线上的中转站、目的地。区内野生动物有699种，区内236种鸟类中，水禽有百余种上百万只。其中国家一类保护鸟类有丹顶鹤、白鹤、白鹳、黑鹳4种；二类保护鸟类有大天鹅、灰鹤、白额雁等27种；濒危物种有黑嘴鸥、斑背大尾莺、震旦雅雀、灰瓣蹼鹬4种。其中黑嘴鸥，全世界仅有3 000余只，辽宁双台河口自然保护区内就有2 000余只。被誉为"湿地之神"的珍稀鸟类丹顶鹤历年在这里停歇的有400余只，白鹳360余只，白鹤430余只，分别占世界野生种群的25%、20%、20%。如此丰富的鸟类吸引着世界自然基金会、国际鹤类基金会成员及一些国家、地区的鸟类专家、学者先后来区内进行考察、技术合作和学术交流。

2005年10月23日，由《中国国家地理》主办的"中国最美的地方"在北京发布，辽河三角洲湿地被评为中国最美六大沼泽湿地之一。

黄河三角洲

黄河的入海处在山东省垦利县，这里河水流速缓慢，大量挟带而来的黄土高原泥沙在此落淤，填海造陆，形成黄河三角洲。黄河三角洲以垦利县宁海为轴点，北起套尔河口，南至淄脉河口，呈向东撒开的扇状，海拔高程低于15米，面积达5 450平方公里，是中国最年轻的陆地。

黄河从1855年在兰考铜瓦厢决口北徙，由原来注入黄海改注入渤海，经过百年来的变化，才塑造出这个三角洲。黄河口位于渤海湾与莱州湾之间，水少沙多，泥沙大部分不能外输。据水文资料记载，黄河口多年平均径流量为420亿立方米，多年平均输沙量为12亿吨，由于潮流弱，搬运能力差，使约40%的入海泥沙堆积在河口和滨海区。20世纪50年代三角洲顶点下移至东营市渔洼附近，三角洲的范围缩小，河道延伸速度加快，平均每年造陆31.3平方公里，海岸线每年向海内推进390米。1983年10月，经国务院批准在黄河三角洲地区设立东营市。

黄河三角洲开发，有着独特的优势。区域内土地后备资源丰富，拥有800多万亩未利用土地，另有浅海面积近10 000平方千米。受黄河冲击的影响，土地后备资源还在以每年10平方千米的速度增加，具有发展高效生态经济的条件。此外，黄河三角洲地区海岸线近900公里，自然资源丰富，有已探明储量的矿产40多种，风能、地热、海洋能等丰富的资源，具有转化为经济优势的巨大潜力。

经过多年的开发建设，黄河三角洲地区目前已拥有较好的产业基础，形成了一批竞争力较强的支柱产业。2008年实现 GDP 4 755.8亿元，占全省15.3%。根据《规划》，到2015年黄河三角洲地区生产总值将预计突破9 300亿元，2020年达到15 000亿元，成为全省新的经济增长极。

此外，黄河三角洲与海河相会处形成大面积浅海滩涂和湿地，黄河三角洲湿地总面积约4 500平方公里，其中泥质滩涂面积达1 150平方公里，地势十分平坦，很容易受到海水潮涨潮落的滋润；另有沼泽地、河床漫滩地、河间洼地泛滥地及河流、沟渠、水库、坑塘等。区内属温带季风型大陆性气候，一年四季分明，光照充足，年平均降水量为551.6毫米，雨热同期，自然植被生长迅速，有天然柳林等落叶阔叶林，柽柳等盐生灌丛，白茅草甸、茵陈蒿草甸等典型草甸，翅碱蓬草甸等盐生草甸，芦苇、香蒲等

▲三角洲

草本沼泽及金鱼藻、眼子菜等水生植被。这种独特的地理环境使得黄河三角洲成为东北亚内陆和环西太平洋鸟类迁徙的重要"中转站"。

据初步调查，区内水生生物资源有800多种，其中属国家重点保护的有文昌鱼、江豚、松江鲈鱼等。有野生植物上百种，属国家重点保护的濒危植物野大豆分布广泛。各种鸟类约269种，其中属国家一级重点保护的有丹顶鹤、白头鹤、白鹳、大鸨、金雕、白尾海雕、中华秋沙鸭7种；属国家二级保护的有大天鹅、灰鹤、白枕鹤等34种；有40种是列入《濒危野生动植物种国际贸易公约》中的鸟类，152种是《中日保护候鸟及其栖息环境的协定》中的鸟类，51种是《中澳保护候鸟及其栖息环境的协定》中的鸟类。这里也是丹顶鹤在中国越冬的最北界和世界稀有鸟类黑嘴鸥的重要繁殖地。

1990年黄河三角洲自然保护区经东营市人民政府批准建立，1991年升为省级自然保护区，1992年晋升为国家级自然保护区。

2005年10月23日，由《中国国家地理》主办的"中国最美的地方排行榜"在北京发布，黄河三角洲湿地被评为中国最美六大沼泽湿地之一。

天津古海岸

"天津古海岸与湿地国家级自然保护区"于1992年10月经国务院批准建立，是中国唯一的以贝壳堤、牡蛎滩珍稀古海岸遗迹和湿地自然环境及其生态系统为主要保护和管理对象的国家级海洋类型自然保护区。这也是国内外难得的三种不同类型地质体共存于一个行政区划内的特例。

天津古海岸与湿地自然保护区位于天津地区的东部，2 000多年以前，该地原是若干潟湖和河口，如今还存着大量海洋生物遗迹。保护区范围跨越塘沽、汉沽、大港、东丽、津南、宁河等区县，总面积9.9万公顷。

保护核心区共选7处，贝壳堤为5个区域，牡蛎滩选宁河县表口，湿地为宁河县七里海湿地，面积达21 180公顷。

天津古贝壳堤与美国圣路易斯安那州贝壳堤、南美苏里南贝壳堤并称世界三大古贝壳堤。天津古贝壳堤主要分布在天津滨海平原东部地区，它们是由潮汐、风浪搬运近海海底贝壳堆积而成，形成的年代为距今500年至5 000年。贝壳堤的年代标志着渤海湾西岸古海岸线的大致位置，是古海岸变迁极其珍贵的海洋遗迹。

在天津平原东部至少有四道基本平行于现代海岸的贝壳堤。第一道贝壳堤从北向南分布在大港区甜水井、大苏庄、树园子直到河北省境内，距今4 700~4 500年。第二道贝壳堤北起天津汉沽区蛏头沽，经天津开发区、驴驹河、高沙岭、白水头直到大港区马棚口一带，距今1 790~200年；第三道贝壳堤北起东丽区白沙岭，向南经津南区邓岑子、板桥农场三分场至大港区上古林一带，距今2 600~1 500年；第四道贝壳堤北起东丽区荒草坨，向南经崔家码头、巨葛庄、中塘直至薛卫台一带，距今3 800~2 800年。

天津牡蛎滩分布在滨海平原海河以北，宁河、宝坻县境内潮白河与蓟运河下游。牡蛎滩基本属于潮下带、半咸水潟湖环境的生物堆积体，形成于距今

▲天津海岸

7 000~3 000年间，其堆积掩埋的过程反映了该地区的海陆变迁史。古贝壳堤、牡蛎滩反映了近一万年以来天津的海陆变迁过程，是天津海陆变迁的重要产物和有力佐证，具有重要的科学研究价值，对研究古地理、古气候、海洋生态、海陆变迁等多学科具有重要的科学研究价值，是国际间合作研究海洋学、地质学、地理学、气象学、湿地生态学的典型地区之一，20世纪50年代以来，国内外学者竞相来这里考察、研究，并在国外学术刊物发表了众多的研究成果和论文。这里也因此被称为"天然博物馆"。

牡蛎滩从成因上讲，是死的和活的牡蛎的天然堆积体。宁河县牡蛎滩核心区，是牡蛎滩的典型地段，由长重蛎和近江重蛎组成，剖面层次清

晰，堆积层厚达5米，牡蛎滩的规模之大，堪称举世罕见。

七里海湿地位于天津宁河县西部，距渤海约15公里，是在7 000年前的古海湾基础上逐渐演化而成的古潟湖型湿地。七里海水面宽阔，空气清新，各种动植物资源丰富，为许多珍稀和濒危野生动物提供了良好的栖息、繁殖和迁徙中转的基地，是生物多样性的典型地区。七里海湿地还具有泄洪、滞洪、调节小区域气候、沉积和降解毒物、保留养分、生物量输出、重要水源地等功能，对改善天津市的生态环境具有重要意义。

保护区内动植物比较丰富，据不完全统计鸟类100多种，哺乳类动物9种，爬行类动物 9种，两栖类动物4种，鱼类13种，甲壳类 3种，软体类4种，环节类2种，昆虫类14种；植物种类共计46科121属196种。

从1992年国务院批准成立天津古海岸与湿地国家级自然保护区以来，保护区采取各种积极措施保护贝壳堤、牡蛎滩这二种不可再生的珍稀的自然遗迹。2001年5月，在国家海洋局的指导下，保护区还与美国弗吉尼亚州切斯比克湾国家河口研究保护区建立起姊妹保护区关系，签订长期合作协议。

现在天津古海岸与湿地国家级自然保护区被确定为天津市科普教育基地。2003年10月，在天津市大港区的上古林镇附近，位于第二道贝壳堤的典型地段建成了中国古林古海岸遗迹博物馆，为国内首家古贝壳展览馆，馆内有2 600年前的古贝壳堤实地剖面，并展示着种类繁多的贝壳和五颜六色的珊瑚。博物馆的外形也呈贝壳状。

黄金海岸话风景

从辽东半岛南端的老铁山角出发，画一个大写字母"C"，到山东半岛蓬莱止，是渤海美丽的海滨风景线。这里有蓝天碧海、青山白石，也有红顶素墙、海湾岬角，更有海市蜃楼、群鸟鸣飞。从大连到葫芦岛，从秦皇岛到天津，再到蓬莱、长岛，每一个城市每一处风景都别具特色，渤海海滨无愧于"黄金海岸"的美誉。

浪漫之都大连

大连是京津的门户，全市总面积12 574平方公里，区内山地丘陵多，千山山脉余脉，少量的平原低地零星分布在河流入海处及一些山间谷地。整个地形为北高南低，北宽南窄，地势由中央轴部向东南和西北两侧倾斜。三面环海，海岸线长1 873公里，又因为位于北半球的暖温带地区，属于暖温带大陆性季风气候，气候宜人，冬无严寒，夏无酷暑，四季分明。这里有风光旖旎，群山佳木相映成景。

黑山

被誉为辽南第一山的大黑山，又名大和尚山，位于金州城东约4公里，海拔663米。大黑山拔海而起，临岸而立，气势壮观，难怪古人称大黑山为"辽左东南一隅之胜境也"了。大黑山古迹和建筑颇多，传说故事十分动人，数百年来游人不绝。其中，唐王殿、

▲大连街景

朝阳寺、点将台、卑沙城等古刹寺院和古战场遗址是代表。

▲大黑山主峰夜景

朝阳寺又称明秀寺，是创于明代的一座佛教寺院。此地山明水秀，气候宜人，即使是隆冬，仍感觉和暖如春。

唐王殿是大黑山著名古刹之一，位于大黑山南腹，创建于隋唐时代。登唐王殿南从关门寨口经十八盘徒步而上，北从朝阳寺东南盘山公路可达。这里林木葱茏，山路蜿蜒，群峰相聚，气象宏伟，离大黑山顶仅有150米，登峰可看日出。

屯兵宝地，同时又是点将胜地。有点将台，相传是唐太宗李世民出征点将之地，位于唐王殿西约100米，面积约100平方米。据说李世民东征时，曾屯兵于此，点将于上，如今登临，鸟瞰大连全貌，海湾胜景尽收眼底，似乎依旧能领略当年泱泱大国所向披靡的胜景。

卑沙城，即大黑山山城，也称为大黑山山城，约始建于晋代，是辽东半岛著名的军事古城堡之一。在古代，卑沙城是兵家必争之地。隋唐时期曾有二次大战于此，《隋书·来护儿传》和《资治通鉴》均有记载。但现在，古城堡早已没有了军事上的意义，空遗残垣断壁，任由游人凭吊。

海韵观日

大连海之韵广场是大连广场文化中具有代表性广场之一，面积3.8万平方米，由13 000平方米的铺装广场、12 000平方米的绿地和不锈钢主雕塑、超写实雕塑组群以及许多雕塑小品组成。

雕塑广场全部采用铸钢、不锈钢、花岗岩等现代建筑材料。广场现代大气、活泼，富有韵律，充满了自然情趣。广场中心的不锈钢主雕塑，是5根曲率不同的白钢圈，上面21只飞翔的海鸥象征飞向21世纪，50个大小不同的球体即代表原子结构，它像一条跃跃的长龙，寓意新中国成立50周年。

超写实雕塑组群共有五组主题，《垂钓》雕刻着海堤上一个肥胖一个瘦高的两个垂钓者钓鱼的情景，身后停放着的摩托车，反映了时代的变迁。《少先队员》表现一位女教师带领9名少先队员在海边过夏令营的欢快场面。《一家三口》表现周末一家三口高高兴兴看海去的情景。《母子情》讲述海边花园里一位年轻的母亲神情专注地给儿子系鞋带的情景。最有意思的是《下棋》，一位老者坐在树荫下的木凳上，面对一盘象棋残局沉思。

海之韵广场，就如它的名字一样追求自然、返璞归真。

塔观双海

老铁山位于辽东半岛的尖端，它与山东半岛隔海相望，老铁山灯塔就建在老铁山角上，海拔86.7米，是清廷海关当局于1893年请法国人制造，由英国人修筑的，历经了1894年的甲午海战和1904年的日俄战争，现今仍保存完好。灯塔上装备了大型光学透镜，灯光射程达48公里，1977年增设了全球卫星高精度定位系统，至今仍是渤海及旅顺口的重要助航灯塔。在老铁山灯塔下方，是险峻的悬崖峭壁，它与山东蓬莱连成的对角线即为黄、渤两海分界线。黄、渤两海的浪潮，由海角两边涌来，交汇在这里，黄海海水较蓝，渤海海水略呈黄色，形成了一道"泾渭分明"的水流。"老铁山头入海深，黄海渤海自此分；西去急流如云海，南来薄雾应风生。"这首诗形象地描绘出了它的壮观景象。目前，这里已成为旅顺旅游观光的新热点，许多游人纷纷从四面八方赶来观赏这一奇观。

2000年的8月8日，渡海英雄张健就是在此下水，历时50小时22分钟，成功地横渡了渤海海峡，成为横渡渤海海峡的世界第一人。

金石天工

金石滩位于大连市区的东部，距老市区58公里，三面环海，冬暖夏凉，气候宜人。其东部海岸景区海岸长8公里，凝聚了3~9亿年地质奇观，沉积岩石、古生物化石、海蚀崖、海蚀洞、海石柱、石林等海蚀地貌随处可见，形象逼真的大鹏展翅、神龟寻子、刺猬觅食、恐龙探海等奇石景观矗立在海岸沿线，形成了玫瑰园、恐龙园、南秀园、鳌滩等天然景区，因此有"凝固的动物世界""天然地质博物馆""神力雕塑公园"之美誉。

▲金石滩景观

金石滩奇石馆是中国目前最大的藏石馆，号称"石都"，内藏珍品200多品种近千件，其中的浪花石、博山文石、昆仑彩玉等均为中国之最。金石滩也因为这些奇石号称"奇石的园林"，粉红色的礁石群像巨大的花朵因此被称为玫瑰园。

粉红色的礁石是7亿年前藻类植物化石堆积而成的，方圆千余平方米，由一百多块高达千余米的奇巧怪石组成。

金石园有一万多平方米，发现于1996年，因为是金黄色，所以称为"金石园"。金石滩的石头比金子还要贵重，在中国独一无二。

绿山揽胜

劳动公园建于1898年，最早由俄国人修建，因当时大连很小，这一带位于大连的西郊，所以又称西公园。1905年日本侵占大连后，对该公园进行了扩建，在园内建相扑场、高尔夫球场、乘马俱乐部、游泳场等，并于1925年在公园内建了一座"忠灵塔"，把该州市以南战死的日本侵略者的骨灰迁到这里，供日本人瞻仰。

1926年，因市区逐渐向西扩展，该公园已处于市中心，因此易名为中央公园。解放后，政府发动群众义务劳动，对该公园进一步整修，并在荷花池畔立了一个碑，上书"劳动创造世界"，所以改称劳动公园。

葫芦岛，南濒渤海，北接朝阳，东邻锦州，素称"关外第一市"。葫芦岛市依托森林，城区绿化覆盖率仅次于大连市，居全省第2位。这里还有237公里海岸线，天然浴场14处，水清沙细、滩缓无礁，具有"山在城中，城在海边"的特色，是夏季度假的好去处。

兴城

兴城位于渤海之滨，出了山海关，沿着辽东湾一直往北，第一个到达的城市就是兴城。兴城于辽时开始建县，未遭战火，远离工业，是中国现存古城中最完好的一座。

兴城的历史可远溯到秦汉以前。商代属孤竹国，战国为燕地，秦统一中国后，属辽西郡，隋属柳城郡，所以又有"柳城"之称。唐属柳城、来远两县分辖。兴城之名源于辽代，现为县级市的海滨小城，集山、海、古城、温泉、岛于一地，分为五个景区。兴城的温泉在城东南2.5公里一带，在辽、金时期已经声名远播，几百年过去了，温泉的水温仍为70℃，含有多种化学元素，可治疗几十种疾病，成为了许多人疗养的首选之地。

龙湾海滨

龙湾海滨海岸线总长3 000多延长米，占地10.9平方公里。整个景区由沙滩浴场区、游乐区、休闲购物区及美食广场组成。

葫芦岛

　　龙湾海滨的一大特点是沙细、坡缓、水清，适合人们在海里畅游。沙滩上风格各异的休闲坐椅，色彩鲜明的七色遮阳伞组成的七彩条块，展示了富有海滨气息的人文景观，8组沙滩探海高杆灯沿着海岸线巍然屹立，夜晚来临时，这些高杆灯将整个景区都照得有如白昼，龙湾海滨也因此享有"中国第一不夜滩"的美誉。

　　景区在游乐区开发建设二十余项娱乐项目和设施，休闲购物区有大型购物博览广场，有统一规划的零售卖店，能满足游客旅游的购物需求。美食广场还汇集全国各地名家小吃及葫芦岛市当地特色的生猛海鲜，另有欧式建筑的高中档饭店、旅店满足游客不同层次的需求。

　　在海湾西北的山坡上，还建有"望海楼"。登楼远眺，海天一色，海风吹拂，令人心情开阔，豪情万丈。

▲龙湾海滨

秦皇岛，因公元前215年秦始皇东巡至此，并派人入海求仙而得名，素有"京津后花园"之美誉。境内山峦起伏，万里长城横亘其间，还有滨海、山海关、避暑胜地北戴河、南戴河旅游度假区、昌黎黄金海岸等40多个旅游景区，每年吸引上千万海内外游客慕名而至。

因受海洋影响较大，秦皇岛气候比较温和，春季少雨干燥，夏季温热无酷暑，秋季凉爽多晴天，冬季漫长无严寒。在秦皇岛曲径通幽的林荫路上漫步，如同倘徉在天然氧吧之中，令人心旷神怡。

避暑圣地北戴河

碧绿无垠的大海，绵延远伸的海滩，茂密繁盛的丛林，恬静秀美的湿地——这就是北戴河。在长达22.5公里的海岸线上，峰峦叠翠，红顶素墙，海湾岬角，依次排开，风景堪称北方第一。

北戴河景区的象征是位于海滨东北角悬崖的鸽子窝公园。这座高20余米的悬崖是由于地层断裂而成，悬崖上临海立着一块形状似一只雄鹰的嶙峋巨石，巨石上聚集了大量的野鸽栖息，因此人们命名"鸽子窝"。崖顶上还建有一座颇具民族特色的鹰角亭，亭南的大理石卧碑上，镌刻着1954年秋毛泽东在这里构思赋就的《浪淘沙·北戴河》。崖顶还有一条50米长的仿古建筑望海长廊，廊内彩绘着100多幅传统的壁画

京津后花园秦皇岛

▲北戴河老龙头

以供游人观赏。

北戴河风景区中心是老虎石海上公园。这座公园占地面积3.3万平方米，之所以被称为"老虎石"是因为公园内的礁石形态状似群虎，放眼望去，这些"老虎"有的在晶莹的沙滩里酣睡，有的在巨浪拍击的海岸上淋浴，有的雄踞在公园密林中，每一处的老虎石姿态又各不相同。游人漫步在海上公园，欣赏散落的老虎石，情趣顿生。

北戴河景区还被人称为"观鸟的麦加"。这里6 600多公顷森林、50多亩湿地构成了生物多样性的良好生态环境，使北戴河湿地成为了候鸟在西伯利亚、中国北方与中国南部、菲律宾、澳大利亚之间迁徙的一个驿站。春秋两季，正是候鸟迁徙的季节，成群的丹顶鹤、白鹳等从空中飞过，成为北戴河一大奇观。春夏之交，在鸽子窝一带，又时时可见觅食的鸟群，它们悠闲自在地落在潮坪、滩涂上，引来了无数游人至此观赏。

在北戴河景区，还有一个观海上日出日落的极佳之处——碧螺塔公园。碧螺塔公园建于北戴河海滨小东山，位于鹰角石南，三面环海，距今也有百年历史。公园里的碧螺塔作为世界独一无二的仿海螺形螺旋观光塔，成为了主景建筑。它高21米，分7层，建筑面积800平方米，走旋转式楼梯从上而下，可见塔内新颖别致的天空、陆地、海底，各种五光十色的海藻、珊瑚、鱼类、云彩、彩霞、鸟类等图案描绘其中，还有以海洋为题材的大型壁画、落地屏风和木雕，如碧螺仙子、海蛙姑娘、柳毅传书和神女等。作为海滨东山地区的最高点，登塔远眺，观日出日落，听赫赫涛声，使人心旷神怡

山海关

万里长城犹如一条腾飞的巨龙，"龙头"入海处，就是秦皇岛的山海关。山海关，又称"榆关"，是明长城的东端起点，素有"天下第一关"之称，与"天下第一雄关"——嘉峪关遥相呼应，闻名天下。

山海关的城池，周长约4公里，整个城池与长城相连，以城为关。城高14米，厚7米。全城有四座主要城门，以威武雄壮的箭楼辅以靖边楼、临闾楼、牧营楼、威远堂、瓮城，东罗城等建筑，展示了中国古代城防建筑风格。明代城墙建筑基本完好，主要的街道和小巷，大部分都保留原样，还保存下来一

▲山海关

批完好的四合院民居。古城最为增色的是关城东门——天下第一关城楼，登上城楼二楼，可俯视山海关城全貌及关外的原野。

城楼上挂着"天下第一关"的匾额，长5米多，高1.5米，是明代萧显所书"天下第一关"匾额的仿制品。萧显所书的匾额现收藏在山海关城楼内，字为楷书，笔力苍劲浑厚，与城楼风格浑然一体，堪称古今巨作。

昌黎黄金海岸

昌黎黄金海岸位于秦皇岛市昌黎县境内，东距北戴河海滨17公里，西南到滦河入海口，长达52.1公里，总面积376万平方米，沙质松软，色黄如金，一道道新月形沙丘沿着海岸蜿蜒成一条长达上百里的"金龙"。这是国内独有、世界罕见的海洋大漠风光，令人赏心悦目。紧挨这片"沙漠"的是8万亩防风固沙林木组成的林带，黄绿交织。20世纪80年代初期，中国科学院地理研究所的专家偶然发现这片沉睡千年的处女地时，一再惊呼这里是中国的"黄金海岸"，堪与澳大利亚昆士兰州的著名海滨——黄金海岸媲美，于是这里就有了"黄金海岸"这一美称。

由于这里沙细、滩缓、水清、潮平，无论从何处下水游泳，也不会被礁石划伤或被海水吞没，即使入海远达50多米处，水深也不过腰部，是最佳的天然浴场。

秦皇岛黄金海岸的西侧有连绵40多公里的沙丘，1985年昌黎人在这里建立了滑沙场。滑沙场现有两处，一处由沙山滑向谷底，另一处则可冲入大海。这有惊无险的运动，使人感到新奇、刺激。秦皇岛黄金海岸的滑沙场固然独特，海上有游艇戏水，近可在浅海中游弋，远可达翡翠岛。空中游览可乘美制直升飞机在空中翱翔，此外空中还备有飞行白宫、热气球升空、跳跃城堡等。

天津是中国四个直辖市之一，地势以平原和洼地为主，北部有低山丘陵，海拔由北向南逐渐下降。北部最高，海拔1 052米，东南部最低海拔3.5米。地貌主要有山地、丘陵、平原等。天津气候四季分明，春季多风少雨，夏季炎热多雨，秋季冷暖适中，冬季寒冷干燥，因此，春末、夏初和秋天是天津最舒适的季节。

这里有以自然风景和名胜古迹为特点的蓟县旅游观光区，有海湾特色的塘沽滨海游乐区，有以海河为风景轴线，以津河、卫津河、月牙河、异国风貌五大道为辅的市中心旅游区，丰富的旅游资源体现出天津丰富的历史文化。

天津古文化街

以天后宫为中心的古文化街，金代在这里建立了天津城市最早的雏形——直沽寨，现在的天津市区就是以这一带为原始中心区域而逐渐拓展发展起来的。南口的牌楼上高高悬挂着"津门故里"大匾，"津门"是天津的别称，"故里"是老地方的意思，"津门故里"有天津卫的发祥地之意。

街上的近百家店铺门面，一律青砖砌体、磨砖对缝，举目望去，高低相间，错落有致，各具特色。而古文化街中心的"天后宫"前，过街戏楼雄伟壮丽，桅杆旗幡直插云天，周围的建筑物也突然高大伫立，

风景独好的津门

蓦然回首,颇有曲径深幽的意境。人们漫步在这条历史悠久的街道上,总要频频回首寻觅历史的踪迹,体会一下旧时天津的味道,由此有了"故里寻踪"一名。

独乐寺

独乐寺,又名大佛寺,坐落在蓟县城内西街,坐北朝南,由山门、观音阁和东西配殿组成。整组建筑布局得当,主体突出、巍峨雄壮的独乐寺在中国建筑史上以"三最"著称。第一"最",阁中观世音菩萨塑像是中国现存的最大古代泥塑之一;第二"最",寺内的观音阁是中国现存最早的木结构高层楼阁式建筑;第三"最",寺中山门带鸱尾饰物的屋顶是中国现存最早的庑殿顶。

对于独乐寺中"独乐"一名的由来,历来说法不一。有人认为,寺中观音独以普渡众生为乐,所以起名"独乐"。有人认为,观音阁内巨大塑像的内支架为一株参天矗立的杜梨树,独乐以"杜梨"谐音而得名。而县志记载:"独乐寺为安禄山誓师之地,盖安禄山思独乐而不与民同乐,故尔命名之。"独乐寺的创建目前已无文献可考,据传始建于唐初,现存独乐寺的主要建筑,是在辽圣宗统和二年(984年)重建的,至今已有千年。

沽水流霞

海河风景线,横穿繁华的天津市区,始于三岔口，止于大光明桥，将天津市区分成两半。海河沿岸有近20公里长的带状公园，面积2.3公顷，绿化面积20多万平方米，园内"文物园林""广场园林""中心园林""文化园林"一字排开；从海河南岸的北安桥头到刘庄浮桥依次设有"青年园""草花园""夏花园""蔷薇园""秋景园"等各具风景的园中之园。海河两岸，保存了望海楼教堂、古文化街、天后宫、玉皇阁及九国租界建筑。

夜幕降下之后，海河水流动不息，波光潋滟，两岸若明若暗的各色灯光相映在河中如绚丽的彩霞，又因海河被一些人称作"沽水"所以有"沽水流霞"之称。

龙潭浮翠

水上公园位于天津市区的西南，建于1950年，面积213公顷，是天津最大的综合性公园。公园以水取胜，水面约占全园面积的二分之一（100公顷），里面有12个小岛，岛与岛之间以造型优美的双曲拱桥、曲桥、桃柳堤相连接，全园以翠亭洲上的眺远亭为中心，随地势设有三层平台，可在不同的高度观览园景，至高点亭高26.5米。园内绿化疏密有致，岛上林荫道多种植白蜡、国槐、合欢、法桐等树木，沿湖以垂柳为主，水中栽藕植莲。这一起构成了天津水上公园的独特风格。

三盘暮雨

盘山坐落在燕山山脉南部边缘地区，由西向东长20公里，由北向南宽10多公里，距天津市蓟县县城12公里，海拔400~600米，而海拔最高的挂月峰达864.4米，势态蜿蜒盘踞。

盘山历来有"三盘胜境"之誉。三盘即上盘、中盘、下盘。这里"松胜""石胜""水胜"。

▲盘山风光

据史书记载，自三国始至清朝末年，历代皇帝竞游盘山，魏武帝曹操、唐太宗、辽太宗、辽圣宗、金世宗、清代的康熙、乾隆、嘉庆、道光等帝王，都曾到盘山。唐太宗李世民游盘山后，有诗曰："兹焉可游赏，何必襄城外。"曾数次游盘山的乾隆皇帝则赞曰："早知有盘山，何必下江南。"

双城醉月

南市食品街具有民族建筑的古典美。整个食品街形同一座缩小了的古城。建筑群为3层楼，中间设有十字甬道，甬道顶是弧形玻璃顶，将四方城封闭起来，形成共享空间。食品街集天下美味于一处，是庞大的饮食博物馆，在这里可寻到中国的七大菜系馆，分别是鲁菜馆、苏菜馆、川菜馆、徽菜馆、粤菜馆、浙菜馆和湘菜馆。

南市旅馆街与食品街相邻，占地33亩，由南北两幢主楼和过街楼连接组成，总建筑面积4.1万平方米，建筑风格与食品街建筑风格一脉相承，旅馆街的一楼有古典风格的前厅和可供600人就餐的豪华大餐厅。二至五层为客房以及2个大会议室和8个小会议室，客房按国内一级旅馆设计，备有1 400余床位。旅馆的底层还设有地下展厅、地下停车场和仓储库房。

天塔璇云

天津广播电视塔，简称天塔，建于1991年，坐落在波光粼粼的天塔湖中央，西靠风景秀丽的水上公园，北邻壮观的八里台立交桥，占地300亩。天塔塔楼由塔基、塔座、塔身、塔楼、天线五部分组成，从整体上看线条极为简洁、流畅、挺拔，总高度为415.2米，此高度在世界钢筋混凝土电视塔中列于加拿大的多伦多塔、俄罗斯的莫斯科塔、中国上海的"东方之珠"塔之后，为世界第四、亚洲第二高塔。

电视塔周围是旅游区，这里地势开阔，环境优美，塔区70%是水域，四周是绿化带。围塔的湖面上，有世界一流的大型音乐灯光喷泉组泉，势如流瀑，还有水幕电影和国内最长的人工塑山。

天塔塔内中央设有4部高速电梯，电梯的速度为每秒5米，60秒内可将游客送至塔楼，在塔身248~278米处，设有望厅和旋转餐厅，每45～60分钟旋转一周。旋转餐厅可同时容纳200余人就餐。天塔不但可以进行旅游、观光，137.2米高的桅杆还具备发射电视节目、调频立体声的功能。

人间仙境蓬莱

一直以来，人们都愿意相信，在蔚蓝的大海上，漂浮着几座迷人的岛屿，那里有琼楼玉宇，是神仙居住的地方。如今，仙山的传说已经被科学证实为海市蜃楼，这在明天启四年（1624年）袁可立的《观海市》诗序中就已经做出"世传蓬莱仙岛，备诸灵异，其即此是欤？"的判断。但人们对于世外仙境的向往却被永远保留了下来，凝结在山东的蓬莱，成为最美丽的挂念。

蓬莱阁

蓬莱阁建于宋嘉祐六年（1061年），同洞庭湖畔岳阳楼、南昌滕王阁、武昌黄鹤楼齐名，被誉为中国古代四大名楼之一。它虎踞丹崖山巅，包括三清殿、吕祖殿、苏公祠、天后宫、龙王宫、蓬莱阁、弥陀寺等几组不同的祠庙殿堂和阁楼亭坊。自宋代起，历代都进行了扩建重修。秦始皇访仙求药的历史故事和八仙过海的神话传说，给蓬莱阁抹上了一层神秘的色彩，远远望去，楼亭殿阁高踞山崖极顶，恍如神话中的仙宫。

蓬莱阁的主体阁楼高15米，坐北面南，是双层木结构建筑，阁上四周环以明廊，可供游人登临远眺，是观赏"海市蜃楼"奇异景观的最佳处所。阁中高悬一块金字模匾，上有清代书法家铁保手书的"蓬莱阁"三个苍劲大字，东西两壁挂有名人学者的题诗。

▲蓬莱阁

蓬莱阁自古为名人学士雅集之地，阁内各亭、殿、廊、墙之间，楹联、碑文、石表、断碣比比皆是，翰墨流芳为仙阁增色不少。蓬莱阁前常出现"海市蜃楼"奇观，苏东坡的"东方云海空覆空，群仙出没空明中。荡摇浮世生万象，岂有贝阙藏珠宫"，正是"海市蜃楼"奇景的生动描写。

蓬莱仙洞

蓬莱仙洞，又名罗汉洞，位于石台县贡溪乡杉山下，是一个层次、堆积形态的大型石灰岩溶洞。大约4.5亿年前，这里曾是一片汪洋大海，后来由于地球内部运动，海水下降，陆地崛起，溶蚀成现在千姿百态的钟乳石。据初步考证，该洞形成距今已有9 000多万年的历史。

洞全长3 000多米，总面积达20 000多平方米，分天洞、中洞、地洞、

下河四层，内有迎宾厅、探海长廊、东海龙宫、通明宫、迷仙宫、玉蟾宫、南海和送客厅等景点。

地洞中有形态各异的巨石，"王母瑶池"是全洞的最佳景点。粉红色的钟乳石上端坐着一位"女子"，她薄施粉黛，身着金缕玉衣，面如满月，宛如刚刚出浴的王母娘娘。"娘娘"身边摆着一幅罩着纱巾的铜镜，身后是笼着白纱的玉床，线条柔和，洁白透明，恰似天宫中的罗纱帐。一群"仙女"正在嬉水沐浴，风姿绰约，栩栩如生。这一由白色透明碳酸钙结晶组成的奇景，因造型奇特，为国内其他溶洞所不及。

八仙渡海口

八仙渡海口景区位于海水浴场东侧海中，是根据八仙过海神话传说填海新建的景区，与蓬莱阁、长山列岛隔海相望。

建筑是以八仙之一的李铁拐手中的宝器寓意设计而成，如同横卧在海上的一个宝葫芦。景区以道教文化和蓬莱神话为背景，以八仙传说为主题，建有古典式建筑的八仙过海汉白玉照壁、流轩、挹清轩、八仙祠、三星殿、财神殿、放鹤亭、环形步廊等，树立各种雕塑20余尊，道教神仙100余尊。还有两处人工池，分别注入海水和淡水，名曰"北海""南湖"。长400余米的环步廊景区北部联结着9处憩息凉亭，步廊梁架间有彩绘174幅，形象地展示了八仙得道成仙的神话传说，集古典建筑与艺术园林于一体，一步一景，意境深远，引人入胜，富有极强的观览价值。

在八仙过海景区的八仙桥两侧还能看到成千上万只海鸥悠闲自得地飞翔、觅食，场面极其壮观。在景区望瀛楼三楼的茶艺表演馆，还可欣赏到茶文化和仙文化融为一体的八仙茶艺表演。千百年来八仙过海的美丽传说，让这里成为了人们祈福观光的极好去处。

海上仙山长岛

长岛是中国唯一的海岛国家地质公园，是中国十大最美海岛、最佳避暑胜地，全岛冬暖夏凉、气候宜人，素有"海上仙山"之美誉。

望福礁景区

长岛望福礁景区位于南长山岛北端，占地3 000公顷，那里有一礁石迎风而立，形状像一妇女头戴围巾，怀抱婴儿，人称此礁为"望夫礁"。传说有一年腊月二十八，一位渔夫被迫出海捕鱼，突遇风浪而一去不返，他刚成婚的妻子悲痛欲绝，整天抱着不满月的孩子站在海边，期盼她的丈夫能够平安归来。但是过了很多年，亲人没有归来，她却变成了石像贮立在

▲望夫礁

那里。

望夫礁公园自 1995 年开始投入建设，共有五大风景区、36 个景点，占地面积 3 平方公里，集山、水、林于一体，融岛屿、礁岩、滩石和美丽的传说于一域，显示了自然景观的文化内涵。

长山尾

苍翠青碧的南长山岛，蜿蜒如龙，头向西北，尾甩东南，到得根部，陡然变细，留宽仅十余米的玉色石滩插向登州海峡，这就是人们常说的长山尾。此为黄海、渤海交汇处。长山尾由各色卵石堆砌而成，形似"马尾"，弯曲飘逸，浑然天成。千载洪波，将满滩的卵石洗刷得光洁如玉。

长山尾将一碧海分为两个世界，泾渭分明，黄、渤两海交融但颜色深浅不同，一边是深蓝，一边是淡黄，形成一幅"太极"奇观，海水之落差也令人击掌称奇，无论是潮涨潮落，尾东的海面比尾西的海面总要高出一截，舟船过此处，总要跌撞一下，仿佛过了个台阶一样。

这里常年波涌流急，即使别处风平浪静，长山尾也是浪花翻腾，水势澎湃，大有千军万马对峙之势。两浪相击，形成的"S"形的风痕浪迹分外壮观，远望犹如蛟龙戏水，步行其中，涛声盈耳，可感受到一脚踏两海的豪情。

寻迹而访话人文

寻迹而访，寻的是先人脚步。幽幽古道，是谁伫立渤海边，在文学、建筑、军事等领域留下了他们的名字？

寻迹而访，访的是文化足印。悠悠岁月，是谁在渤海岸边，将自己的思想、智慧、才能，乃至生命交付于此？

一座座断壁颓垣，一张张细腻的图画，一尊尊精美的雕塑，一曲曲动人心弦的歌谣，又在讲述着千百年来怎样的传奇？

追寻先人脚步

渤海沿岸，名人辈出，在各地方志里都记载着许许多多的传奇人物。站在渤海边，所望的这一片大海可能曾经激起过某一位诗人的灵感，所踩踏的这一寸土地可能也曾有过某位将军的足印……这是这片土地赠予我们的最宝贵的财富。

兵圣孙武

孙武，字长卿，后人尊称其为孙子、孙武子、兵圣、百世兵家之师、东方兵学的鼻祖。他是中国古代军事学家，中国古代军事学的奠基人，春秋末期吴国将军。他出生于公元前535年，春秋时期齐国乐安（今山东省广饶县）人，具体的生卒月日不可考。他曾以《孙子兵法》十三篇见吴王阖闾，受任为将，领兵打仗，战无不胜，与伍子胥率吴军破楚，五战五捷，率兵6万打败楚国20万大军，攻入楚国郢都。

孙武所著《孙子兵法》被誉为"兵学圣典"，最早比较系统地涉及战争全局问题，首次揭示了"知彼知己，百战不殆"这一指导战争的普遍规律，总结了若干至今仍有科学价值的作战指导原则，不但在中国兵学思想上占有极高的地位，也被译为英文、法文、德文、日文，成为国际间最著名的兵学典范之书。

大侠霍元甲

霍元甲（1868—1910），清末著名爱国武术家，字俊卿，祖籍河北省东光安乐屯（属沧州地区），汉族，世居天津静海小南河村（今属天津市西青区南河镇）。

霍元甲生在一个秘宗拳世家。父亲霍恩第因为秘宗拳出神入化，所以很多大商人都求他保镖，霍恩第却只为穷苦百姓、清白之人保镖。霍元甲是霍恩第的第二个儿子，据说霍元甲幼年体弱，父亲霍恩第担心霍元甲习武日后有损霍家名声，不让他习武，但霍元甲却处处留心观察，在父亲传艺给兄弟时偷学，在舍外枣林苦练。后来被父亲发现，霍元甲保证绝不与人比武，不辱霍家门面，才被允许和父兄一起习武。24岁那年，霍元甲5分钟之内击败了一位仅用三式打败了霍元甲的哥哥与弟弟的人。父亲因此一改先前的偏见，悉心传艺于他。霍元甲以武会友，融合各家之长，将祖传秘宗拳发展为迷宗艺，使祖传拳艺达到了新的高峰，之后霍元甲自创了迷踪拳。

为纪念霍元甲这位名震中外的爱国武术家，1986年天津市西青区人民政府整修了霍元甲故居、修建了霍元甲陵园。1997年再次修葺了霍元甲故居，扩建了霍元甲陵园，辟为"霍元甲故居纪念馆"。经天津市民政局审核并报天津市人民政府批准，其故乡天津西青南河镇更名为精武镇。

李叔同

李叔同，又名李息霜、李岸、李良，谱名文涛，

幼名成蹊,学名广侯,别号漱筒。清光绪六年(1880年)九月二十日生于天津官宦富商之家,1942年圆寂于泉州。在中国近百年文化发展史中,李叔同被学术界公认为通才和奇才。

李叔同多才多艺,诗文、词曲、话剧、绘画、书法、篆刻无所不能,他是中国话剧的奠基人,也是第一个向中国传播西方音乐的先驱者。他在中国书法艺术上成就也很高,作品深受鲁迅、郭沫若等现代文化名人的喜爱。同时,他也是中国第一个开创裸体写生的教师,先后培养出了画家丰子恺、音乐家刘质平等一些文化名人。晚年时他苦心向佛,弘扬佛法,被佛门弟子奉为律宗第十一代世祖。

他的一生充满了传奇色彩,为世人留下了咀嚼不尽的精神财富。位于天津海河岸边的河北区粮店后街60号院,是一座呈"田"字形的清代建筑,距今已有150余年的历史,这就是李叔同的故居。

革命先驱李大钊

李大钊,字守常,河北乐亭人,生于1889年10月29日。1907年考入天津北洋法政专门学校,1913年毕业后东渡日本,入东京早稻田大学政治本科学习。动荡的年代,艰辛的生活,铸就了李大钊忧国忧民的情怀和沉稳坚强的性格。1915年,日本帝国主义提出灭亡中国的"二十一条",李大钊积极参加留日学生的抗议斗争。他起草的通电《警告全国父老书》传遍全国,他也因此成为著名爱国志士。

1916年李大钊回国后,积极投身于正在兴起的新文化运动,成为新文化运动的一员主将。他以《新青年》和《每周评论》等为阵地,发表了大量宣传十月革命和马克思列宁主义的著名文章和演说,积极领导和推动五四爱国运动的发展,成为中国共产主义的先驱、中国最早传播马克思主

▲李大钊肖像画

义的人。1926年3月，李大钊积极领导并亲自参加了反对帝国主义和北洋军阀的"三一八"运动，他的革命活动遭到北洋军阀的仇视，1927年4月6日，李大钊在北京被逮捕，4月28日，李大钊等20位革命者被绞杀在西交民巷京师看守所内，时年38岁。作为中国人民的优秀儿子和伟大的无产阶级革命家，他的业绩将永远受到中国人民的追怀和崇敬。

位于河北省乐亭县大黑坨村的李大钊故居，在1958年7月1日建立，1976年唐山大地震后，李大钊故居受到严重的破坏，1978年进行了第二次大规模的维修。1982年7月23日，经河北省人民政府批准为河北省重点文物保护单位，1988年1月13日，经国务院批准为中华人民共和国全国重点文物保护单位。

穿过历史尘埃

在渤海沿岸这一块土地上，有着沉淀了千年甚至上万年的历史，沉睡的断壁颓垣、在风雨里孤独矗立的炮台以及那些安静的街道，都承载着历史与传奇。它们可能无数次地有意无意地被摄进了照片，存在于某一家人的相册里，又或者模糊地存在于某一个年代久远的故事中。它们在那里，任凭风雨和时代的雕琢，千年如一日，如同一幅历史的画卷，穿越了几千年的时间长河，那些响彻的回声，依稀能辨。

望海楼教堂

望海楼在天津向北路狮子林桥旁，原名圣母得胜堂，清同治八年（1869年）由法国天主教会所建，以后又有三次被毁，三次修复的经历。1870年6月反洋教斗争时，教堂被天津百姓烧毁。1897年法国天主教会重建教堂。1900年义和团运动中又被烧毁，1904年第二次修复。1976年7月唐山大地震时震损严重，1983年修复。1988年被列为中国重点文物保护单位。

望海楼教堂所处的位置正是古代三岔河口的北岸。当年这里是清朝皇帝出巡到天津时游玩歇脚的地方，望海楼旁还有津门胜迹望海寺和崇禧观。1862年，法国帝国主义强行租用三岔河口北岸以后，拆除了原有的中国古建筑，建造起"圣母得胜堂"作为法国天主教天津教区总堂，这就是"望海楼教堂"的来历。

望海楼教堂为哥特式建筑，坐北朝南，占地3 000平方米，青砖木结构，平面呈长方形，南北长53.5米，宽15米，高22米。地面铺着黑白相间的方形瓷砖，门窗均作尖拱形，窗上嵌耶稣受难故事的五彩玻璃。正前面有呈山字笔架形的三个平顶塔楼，两侧墙檐的泄水口上各镶8个石雕兽头。大厅左右，圆柱排列，将整个大厅分隔成三通廊式，正中为圣母马利亚的主祭台，四壁悬挂耶稣受难图。

万忠墓

旅顺港有一座庄严肃穆的陵园，陵园里翠柏苍松、层峦叠嶂，亭门上高悬"永矢不忘"的匾额，格外引人注目。这就是甲午战争时我们殉难同胞的墓地——万忠墓。

1894年，日本侵略者对中国发动了甲午战争，11月18日开始向旅顺进

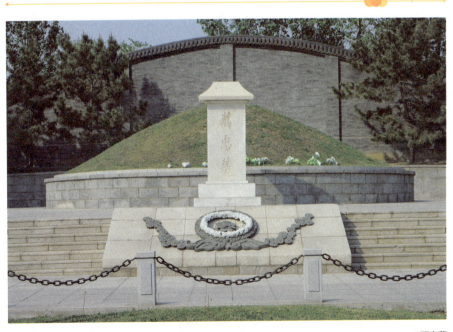

▲万忠墓

犯，驻守军临阵脱逃，只有爱国将领徐邦道等人领士兵在土城子等地展开英勇顽强的阻击战，两次赶走侵略者。后来，日军集中百门大炮轰击旅顺口，徐邦道领士兵奋战在东鸡冠山下白玉山麓，终因寡不敌众而惨败。同年11月21日，日军侵入旅顺口，制造了震惊中外、惨绝人寰的旅顺大屠杀。秀丽的旅顺瞬间变成血染的人间地狱，两万多无辜同胞惨死在日本帝国主义屠刀之下，幸存者只有36人。大屠杀过后，日军为掩人耳目，消除罪证，驱使死里逃生的幸存者们组成扛尸队，把死难者尸体集中火化，烧了十几天后，将骨灰埋在白玉山东麓。1896年11月，日军撤出旅顺后，清朝派来接收旅顺的官员顾元勋树立了第一块碑石，亲书"万忠墓"三个大字以示祭奠。后又分别在1922年、1948年经过维修，并立碑。

1997年万忠墓又成为爱国主义教育示范基地，现在每逢清明节人们都纷纷前来祭扫。

东鸡冠山战争遗址

东鸡冠山日俄战争遗址包括东鸡冠山北堡垒、望台炮台、二龙山堡垒和日俄战争陈列馆四个景点。

东鸡冠山北堡垒是沙俄1898年3月侵占旅顺后修建的东部防线中一座重要的堡垒，是日俄战争中双方争夺的重要战场之一。这座堡垒始建于1900年1月，堡垒呈不规则的五角形，采用混凝土和鹅卵石灌制而成，外部覆盖有2米厚的沙袋和泥土，周长496米，面积9 900平方米。堡垒内部结构复杂，由指挥部、士兵宿舍等组成。在堡垒的四周还挖有6米深，8米宽的护垒壕，壕外山坡架设高压电网。望台炮台是日俄争夺旅顺的最后战场。现在山上还遗留着两门俄军残炮，被当地人称为"两杆炮"。二龙山堡垒始建于甲午战争前，1894年在甲午战争旅顺保卫战中，清军统领姜桂题率4营兵力在此抵抗日军的侵略。1904年俄军将堡垒面积扩大为3万平方米，又增备了50门炮，由沙俄一个加强营驻守。日、俄在此进行了长达两个月的激烈战斗。

东鸡冠山不仅保存了较为完整的战争遗址，还有全国唯一的日俄战争陈列馆，馆内以丰富详实的资料，深刻真实地展现了当时的战争情况。

大沽口炮台遗址

大沽口炮台位于塘沽区大沽口海河南岸，是进入北京的咽喉之地，也是进入津门的屏障，自古以来即为海防重镇，素有"南有虎门，北有大沽"之说。明朝嘉靖年间，为了抵御倭寇，大沽口开始正式驻军设防，构筑堡垒，加强海防战备。清嘉庆二十一年（1816年），清政府在大沽口南北两岸各建一座圆型炮台，炮台内用木料，外用青砖堆砌，白灰灌浆而成，非常坚固，高度约一丈（1丈约为3.3米）五尺（1尺约为0.3米），宽九尺，进深六尺，这是大沽口最早的炮台。

第一次鸦片战争后清政府对炮台进行修整。至道光二十一年（1841年）已建成大炮台5座、土炮台12座、土垒13座，组成了大沽炮台群，形成了较为完整的军事防御体系。清咸丰八年（1858年），作为钦差大臣镇守大沽口的僧格林沁，对炮台进行全面整修，共建炮台5座，分别以威、震、海、门、

▲大沽口炮台

高五字命名，寓意炮台威风凛凛镇守在大海门户的高处。从1840年至1900年的60年间，列强为夺取在华的经济利益和政治特权，在大沽口发动侵略战争。他们依仗"船坚炮利"，占领大沽地区进逼京畿，在侵略者的威逼之下，清政府签订了一个个屈辱的不平等条约。1901年，根据丧权辱国的《辛丑条约》，清政府被迫将大沽口炮台拆毁。现在只有"威"字南炮台和"海"字老炮台两座遗址较好地保存着，其他炮台已荡然无存。

解放后，大沽口炮台遗址被国务院正式确定为全国重点文物保护单位，并确定为天津市爱国主义教育基地。

黄崖关长城

蓟县黄崖关地处北京、天津、唐山、承德的正中间，自古为兵家必争之地，它始建于北齐天保七年（556年），是距今一千四百多年的北齐长城遗址。在历经多次修筑中，以戚继光主持修建的一次规模最为宏大。作为中国古长城的一部分，黄崖关有楼台66座，敌楼52座，烽火台14座。层峦叠嶂之中，战台林立，高低错落。烟墩是点燃烽火、警报敌情的信号台，关城随山形地势修建，其中东侧山崖的岩石多为黄褐色，每当夕阳映照，金碧辉煌，有"晚照黄崖"之称。戚继光别出心裁修的空心敌台。台内券洞可以屯兵驻军，还便于疏通和调动城上军队。黄崖关内的八卦街有268户人家，是依照八卦图建造的，由数十条死巷、活巷、丁头错位构成，万一敌人入关，便会在八卦街陷入迷途，指挥台便能以旗帜指挥士兵用弓箭射杀入网之敌。

天津五大道

在天津中心市区的南部，东西向并列着以重庆道、常德道、大理道、睦南道及马场道为名的五条街道。天津人把它称作"五大道"，这里又被称为五大道地区。

五大道拥有20世纪二三十年代建成的英、法、意、德、西班牙等不同国家建筑风格的花园式房屋2 000多所，总面积100多万平方米。五大道中风貌建筑和名人名居有300余处，被公认为天津市独具特色的万国建筑博览会。这些小洋楼的建筑风格从古典复兴式、罗马式、哥特式、巴洛克风格、新艺术派、摩登式，直到当代后期摩登主义，都依稀可辨。

五大道地区作为近现代天津历史的一个体现，地区内蕴藏着丰富的文化内涵。许多近现代名人在这里留下了他们的足迹，大总统曹锟、徐世昌以及北洋内阁六位总理、爱国人士张学铭、起义将领高树勋、美国第31届总统胡佛、国务卿马歇尔等上百位中外名人都曾居住于此。

意大利兵营

意大利兵营坐落在河北区光明道20号，是原意大利租界中最大的建筑之一，也是天津市九国驻军兵营中唯一一座保存下来的外国兵营。这座建筑罗马味十足，二战后美国兵和国民党军队驻扎在此，解放后又为武警部队驻地，随着海河风景区对意式风情建筑的开发，这座兵营现基本恢复原貌。

意大利兵营原本为三层建筑，三面围起的红砖木结构，呈Π形，另一面是一排平房，布局合理，功能齐全，建筑整体体现了欧洲贵族风格，尤其是二楼和三楼的拱窗明廊，更是古罗马味道十足。第一层是各种公用设施，第二层和第三层是意大利士兵的宿舍，站在二楼走廊，通过拱窗可以看见楼前空地的操场，矮楼是指挥官的办公室和宿舍。

千像寺石刻造像群

千像寺石刻造像群，是目前中国所见分布面积最广、体量最大的辽代民间石刻造像群，位于蓟县盘山东麓官庄镇联合村北，共有石刻佛教造像

535尊，浮雕造像1尊，遗迹5处。石刻具有唐代造像风格，是天津地区仅存的摩崖石刻。

据明《盘山祐唐寺创建讲堂碑铭序》记载，相传唐代一尊者从远方挈杖来此，忽见山岩下澄泉池旁有千僧洗钵，近观瞬而不见。尊者在此建寺，并于山坡涧石上按所见千僧刊刻千佛像。现存线刻佛像数百尊，集中分布在千像寺遗址四周较大的孤石或相对平整的崖壁上，分立式和趺坐两类，2～4尊为一组。立佛头顶发髻，面像丰腴，足踏莲花。坐佛高1.3米，莲座宽1.09米。从佛像的发髻式样、五官特征和衣纹等可以推断，其刊刻的时间集中在辽代，且均为民间自发刊刻。在盘山千像寺北坡有无量寿洞，洞深4米，高2.2米，宽1.5米，洞外刻着"无量寿佛"四字。

千像寺石刻造像群是目前全国所见分布面积最广，体量最大的辽代民间石刻造像群，具有极高的历史、艺术、科学价值，为辽代佛教考古、民间传统线刻技法的研究，提供了弥足珍贵的实物资料。

沧州铁狮子

铁狮子又名"镇海吼"，位于沧州东部的旧沧州城内，身高5.35米，体长6.3米，宽3.15米，总重约40吨。它体态凶猛，头朝南尾向北，四肢叉开，狮子头部的毛发呈波浪式地披垂在头颈上，呈疾走、张口怒吼形态。狮子披有障泥，前胸和臀部铸饰了束带。狮背上还背负着一座高0.7米，底部直径1米，口直径2米的可拆卸仰

▲沧州铁狮子

莲圆盆，在铁狮的头顶以及项下各有"狮子王"三字，右颈及牙边有"大周广顺三年铸"七字，右肋有"山东李云造"五字，腹腔内铸有隶书《金刚经》文，但多已剥蚀而无法辨认。

根据狮子身上的铭文可知，沧州铁狮子铸造于后周广顺三年（953年）。其用途历来存在着多种说法，一说认为铁狮子位于沧州开元寺前，腹内有经文且背负莲花宝座，所以应为文殊菩萨的坐骑；另一说则是人们根据铁狮的别名"镇海吼"推测铁狮子是当地居民为镇海啸而建造的异兽；还有人说是后周世宗北伐契丹时，为镇沧州城铸造的铁狮。

1961年，沧州铁狮子被中华人民共和国国务院公布为第一批全国重点文物保护单位之一。

九门口长城

九门口长城坐落在辽宁省葫芦岛市绥中县李家乡新台子村境内，与自山海关方向而来的长城相接。自此沿山脊向北一直延伸到当地的九江河南岸，九门口是其中的一道关口，是明长城的重要关隘，被誉为"京东首关"。

九门口长城始建于北齐（550—577），扩建于明初1381年，因其城桥下有九个泻水城门而得名。全长1 704米，是中国万里长城中唯一的一段水上长城。九门口长城其建筑独具特色，纵行铺砌着7 000平方米的巨型黄岗岩过水条石，其边缘与桥墩周围用铁水浇铸成银锭扣。

九江河水从城下的九道水门直流而过，直入渤海，气势磅礴，是自然景观和人文景观的完美结合，因而享有"水上长城"的美誉，"城在水上走，水在城中流"，便是人们对九门口长城的形象描述。

2002年，九门口长城被联合国教科文组织评为中国东北地区唯一的世界文化遗产。

寻访文化印记

万里渤海，容纳百川，也滋养着一代代生活在渤海边的儿女，他们创造了一个个令人赞叹的奇迹。年画、快板、武术……这里凝聚着他们毕生的艺术创造力，也书写着渤海沿岸最富有内涵的诗韵篇章。

杨柳青木版年画

在天津众多的民间艺术中，最具代表性的就是杨柳青木版年画这一民间艺术瑰宝。它始创于明末，鼎盛于清朝，深受人们的喜爱，是中国宝贵的精神和物质财富。

杨柳青木版年画发源于千年古镇杨柳青。明永乐年间（距今约600年），沟通中国南北水陆交通命脉的京杭大运河开通，天津漕运兴起，使杨柳青作为南北商品交易的重要集散地，经济日益繁荣，加之镇外盛产杜梨木，杨柳青木版年画即随之兴起并日益走向兴盛，当时全镇及周边村庄呈现出"家家会点染，户户善丹青"的盛况。杨柳青木版年画的制作精细，多以仕女、娃娃、神话传说、戏曲人物、山水花鸟为题材创稿，再用木版雕出画面线纹，然后用墨印在纸上，套过两三次单色版后，再以彩笔填绘，勾、刻、刷、画、裱等纯手工制作，既有版味、木味，又有手绘的工艺性。

由于历史原因，杨柳青年画曾一度衰落，尤以抗日时期损失惨重。新中国成立后，经过多次的抢救、搜集、挖掘、整理，杨柳青年画枯木逢春。杨柳青木版年画发展迅猛，被公推为中国民间木版年画之首。

天津市杨柳青木版年画于2006年5月被文化部列入第一批国家级非物质文化遗产名录。

天津快板

天津快板是20世纪50年代由群众自发创造并发展起来的一个新曲种。这种快板完全以天津方言来表演，在形式上采

▲杨柳青木版年画

用了数来宝的数唱方式及快板书所用的节子板，同时配以天津时调中"数子"的曲调，用三弦伴奏。表演形式多样，大体上分单人天津快板、对口天津快板、多人天津快板和化装天津快板。单人天津快板演唱者一般是男演员，有时也有女演员表演，表演时一般乐队在侧台伴奏，舞台上只有一个演员，讲一段故事，进进出出，扮演各种角色。对口天津快板演唱者可两男或两女，也可一男一女。其表演形式与数来宝相类似，表演时，两个人的动作要相互配合，随时组成一些对称的画面。也可以互相翻包袱，中间加一些适当的对白，演唱起来非常灵活。三人或多人天津快板的演唱形式近似于群口快板，演唱起来更为灵活，可分可合，可以单独一个人出来表演一段，其他人给他应声配合，也可以几个人齐唱一段，加上集体的动作，很有气势。化装天津快板一般是多人表演，演员要备有简单的化装

服装和道具，在演唱中进行化装。有时一个人要变几次装，扮演不同的角色。化装时，需要换衣服可在舞台上直接穿，或到侧幕里穿。有些小道具的更换可在舞台上，演员转身背向观众即可进行。

天津快板因为风格粗犷、爽朗、明快、幽默，别具一格，有着浓厚的生活气息和地方风味，深受天津人喜爱，也为其他地区群众所喜爱。

泥人张彩塑

天津泥人张彩塑是一种深得百姓喜爱的民间美术品，泥人张的创始人张明山先生（1826—1906），6岁起随父捏制泥人，18岁时便得"泥人张"的艺名，以家族形式经营泥塑作坊"塑古斋"。期间，经过创始、发

▲泥人张作品

展、繁荣、濒危、再发展等几个时期。几经波折，泥人张彩塑艺术逐步走向成熟被世界认可。

解放前，张氏家族无法靠泥人彩塑维持生计，家族中人大多改行，泥人张彩塑濒临绝境。解放后，党和政府采取了扶持发展的政策，使这株优秀的民间艺术奇葩枯木逢春。张家几代艺人相继受聘于津京两地，从事文艺创作、传承和教学等工作，并建立天津泥人张彩塑工作室。泥人张第四代传人张铭同志在主持彩塑工作室领导和教学工作的二十多年中，呕心沥血，传授培养了大批非张氏传人。泥人张彩塑大小约40厘米，为架上雕塑、彩塑艺术，属于室内陈列性雕塑。泥人所用材料是含沙量低、无杂质的纯净胶泥，经风化、打浆、过滤、脱水，加以棉絮反复砸柔而成为"熟泥"。

泥人张几代艺人的作品体现了精美的艺术造型，不仅在国内有着广泛的影响，国际上也享有盛誉。1915年，在国际性的展览会上，张明山创作的《编织女工》彩塑作品获得巴拿马赛会一等奖，张玉亭的作品获得巴拿马万国博览会荣誉奖，在南洋各地展览会上，荣获的奖状和奖牌有20余件。1983年，泥人张彩塑工作室在日本芦屋市恩巴中国近代美术馆建立了专题陈列室。1999年为荷兰哈仁制作了140尊市井人物。2000年为台湾客人制作了中华百帝像，其彩塑《邓小平接见吴作栋》被新加坡总统府视为珍品收藏。

泥人张彩塑于2006年5月被文化部列入第一批国家级非物质文化遗产名录。

回族重刀武术

重刀是大刀的原称，属于京津一带的传统兵器，在中国已有数千年的

历史。津门回族大刀原名"曹门刀式"，是由津门大侠曹金藻老先生遗留下来的一套刀法，曹金藻武艺超群，行侠仗义，与霍元甲并称为"回汉双侠"。后来，"曹门刀式"经过其子曹克明先生的创新，成为一套完整独特的重刀刀法，并以家族内授的方式不断丰富延传，至今已有百余年的历史

津门回族大刀队表演所用刀器，最重的达80千克，也是曹门的传家之宝。在表演形式上，吸收了历史上武科考试中的"弓、刀、石、马步、箭"等课目技艺，苦练礅子、石锁、抱石等，并将其中之技巧，揉进大刀表演中。大刀表演方式丰富多彩，主要有插、背、拧、云、撇、水磨、腰串、狮子披红、乌龙摆尾、雪花盖顶、比摆荷叶、掌中花、叠罗汉等招式。动作刚柔相济、动静结合，集力量与技巧于一体，刀舞起，动如风，静如松，提刀千斤重，舞刀鸿毛轻，既给人雄劲之感，又给人轻盈之美，充分展示了中国古老的民族文化气息。

如今，"曹门刀式"以弘扬民族武术精神，习武健身为宗旨，在历次表演中都获得很高的声誉。2006年5月回族重刀武术被文化部列入第一批国家级非物质文化遗产名录。

天津时调

天津时调是天津独有的曲种，它产生于清末明初，1900年时已有专业艺人演唱。唱腔包括靠山调、鸳鸯调、胶皮调等民间小调。靠山调原本是修鞋匠人休息时，背靠山墙自娱自乐的小调。这些来自民间的小调声调高亢，词句通俗，韵味醇厚，充满乡土气息，很适合天津人的口味，因此旧时街头巷尾，工余饭后，经常能听到人们自弹自唱这些小调。

天津时调表演形式为一人或二人站唱，另有人操大三弦和四胡等伴

奏。除少数曲目二人对唱外，多为一人独唱，伴奏乐器为大三弦、四胡、节子板。句式以七字句为主，也有长短句相间的。板式有慢板、中板、二六板和垛子板等。20世纪初，随着曲艺在茶园、茶楼演出的兴盛，逐渐出现了一些专业的时调艺人。他们对这些民间小调进行了加工改造和创新，使之成为反映时代风貌、社会生活并深受人们喜爱的一个曲种，定名为"天津时调"。著名艺人有赵宝翠、周翠芝、谭俊英等人。20世纪50年代以来，王毓宝等人演唱反映新时代的新曲目，以后又有后起之秀异军突起，使这一曲种得以继承流传下来。

2006年5月20日，天津时调经国务院批准列入第一批国家级非物质文化遗产名录。

天津京剧

京剧是在18世纪末至19世纪中由徽调、汉调、昆曲、梆子等艺术形式相互交流、融合而萌发形成于北京，很快遍及全国的一个戏曲剧种。初始时并没有"京剧"这个确切的名字，曾出现过二黄、平戏和京戏等称谓。

京剧是在清朝道光年间传入天津的，同治年间，天津京剧开始兴盛。天津作为中国北方戏剧艺术的发祥地之一，素有戏曲"南北交汇的大码头"之称。在梨园界曾经有一个约定俗成的说法，就是"北京学

艺，天津唱红"。所以当时凡是京剧界的名家，几乎没有不曾到天津一展风采的，这正说明了天津在京剧发展史上的特殊地位。始建于1936年的天津中国大戏院是中国戏剧舞台史上一个重要的演出场所，"四大须生""四大名旦""四小名旦"以及各著名行当流派创始人都曾在这里登台演出过。广东会馆现改为天津戏剧博物馆，是天津现今保存最完整的清代会馆建筑，梅兰芳、杨小楼、孙菊仙等人都曾在此登台献艺，这里至今还保存着许多京剧名家的道具和戏装、文物等。

著名的天津京剧演员有：杨宝森、李荣威、厉慧良、丁至云、张世麟、林玉梅等。2006年5月，天津京剧被文化部列入第一批国家非物质文化遗产名录。

魏记风筝

风筝是中国传统的民间手工艺品之一。最早关于风筝的记载是在春秋时期。天津市是中国风筝的主要产地之一，天津风筝之中又以"魏记"生产的风筝最为出名。

魏记风筝发展到今天已经有100余年的历史，它的创始人魏元泰生于1872年，16岁入北门外蒋记天福斋扎彩铺学徒，四年时间学会了做扎彩、风筝和其它小玩具手艺，又在东门里大街开设长清斋扎彩铺，从此进一步钻研风筝制造的技艺，由最初做手拍类风筝，发展为圆型立体和软翅风筝，最后又创造出能够折叠的风筝。他技艺精湛，从艺七十余年来，制作出数以万计的精美风筝。魏元泰以其精湛的技艺誉满中外，享有"风筝魏"的美称。魏记风筝造型逼真，色彩典雅，做工精细。风筝面多以丝绸和绢为材料；骨架选用弹性大、节长、质地细密的福建毛竹为材料，轻而结实。在种类上，魏记风筝有蝴蝶、飞燕、孔雀、凤凰、仙鹤等50多个品

▲乐亭大鼓表演

种，远销世界许多国家和地区。1914年，魏记风筝在巴拿马国际博览会上一举夺得金奖，从此成为受国内外众多博物馆青睐的珍贵藏品。

乐亭大鼓

乐亭大鼓是北方较有代表性的曲种之一，发源于唐山市乐亭县，广泛流传于冀东、京、津及东北三省。

据记载，乐亭大鼓的成熟应在明代中晚期，语音拉长，再加上鼓板，进行提炼升华，即能成为具有乡土气息的优美曲调。

乐亭大鼓这一名又有其偶然的来历。清朝建立以后开始为旗人分封土地。被分封在乐亭的崔家酷爱民间艺术，他们不但组建皮影班社、梆子班

社、莲花落班社，还有很多大鼓艺人在崔家演唱。一次，崔家人带着大鼓艺人到恭亲王府献艺，艺人们的技艺深得王爷的欢心，并确定了"乐亭大鼓"之名，这个名称一直沿用至今。

乐亭大鼓的表现形式比较简单，所谓"一人一口演百面人生"。三弦是伴奏的主要乐器，演唱者打鼓又打板，边说边唱，描绘场景，刻画人物，议论得失。乐亭大鼓的剧目很多，有传统剧目和现代剧目；有长篇、中篇和短篇，还有一种微型剧目，叫书帽儿，多则十几分钟，少则几分钟。长篇大鼓能连续说唱一两个月，中篇能说唱十天八天，短篇的则说唱一个晚上，约两个小时。

1950年，乐亭县成立了大鼓曲艺队，2006年5月20日，乐京大鼓经国务院批准列入第一批国家级非物质文化遗产名录。

津津乐道话民俗

作为社会习俗的传承和积淀，民俗带着强烈的地域色彩和传统脉络。所谓"群居相染谓之俗"，在渤海沿岸这片土地上，不同地域的人们又因不同的历史地理环境形成了各种不同的风俗。了解渤海地区的人文，不能不寻找民间风俗这个载体。从辽宁到河北、天津、山东北部，这些沿海而居的人们，有着怎样丰富的日常生活习俗呢？

信仰

过去，信仰作为一种精神和感情的纽带将人们凝聚在一起。而今，当神秘色彩逐渐褪去，这些遗留下来的因素，更多地作为一种特定的形式，成了人们生产生活交流的媒介。

山东渔民造船风俗

山东渔民造船有很多讲究，渔船由专门的"海木匠"来施工，工地不许女人走近，尤其不准孕妇走近，认为"女人跨船船会翻，女人跨网网要破"。开工之日，先在船底铺三块板，再放鞭炮，念喜歌，宴请工匠。渔船造到船面，举行仪式，称为"比量口"，用红布包裹铜钱放入渔船底盘中间。最后安梁的仪式为"上梁面"，在船上做一个小洞，内放"太平钱"，用红布覆盖，再用面梁压住。

建造新船时，要用上等樟木精制一对船眼，呈扁平半球形，比例严格，大小要与船体"龙骨"的长度成特定比例。眼珠与眼白也要有适当的比例，不同的船的眼珠和眼白的位置也不同。打鱼的渔船，眼睛的眼白在上，眼珠朝下，这样便能直观海底，观察到鱼虾的位置，运货、收购鱼虾的船，眼睛的眼珠朝前，眼白在后，便于船只定住进港目标，不致迷失方向。

船下海前，船头扎上红色彩绸，挂上各色彩旗，一起吊就开始放鞭炮，直到船首航回来才停止。部分鞭炮点在舱里，寓意崩掉舱里的邪气，部分燃在海里，寓意驱散海里的邪气，以保证今后船只顺利航行。

在山东渔村，渔民忌说"翻""扣""完""没有""老"等词语。出海最怕船翻人亡，晾晒衣服需要翻过来或吃鱼需翻吃另一面时，则把"翻过来"说成"划过来"或"转过来"，称"帆"为"篷"，"向碗里盛饭要说"装饭"，因为盛饭的"盛"字方言近"沉"。渔民家中的筷子不能横放在碗上或插进饭里，筷子横在碗沿上，似船搁浅，因而渔民形成了筷子不能横搁碗盆沿口的习俗。水瓢、勺子、羹匙不能背朝上搁置，一切器皿不能扣放。因为这些物品的形状像船，渔家人不愿意看到它们倒置的情景，反映了渔家祈求海上平安的心愿。吃饭时，只准吃靠近自己的一边，不准伸筷子夹别人眼前的鱼菜，否则即被称为"过河"，人们以为随便"过河"为险兆。在船上，忌双脚悬于船舷外，以免"水鬼拖脚"，忌头搁膝盖、手捧双脚等姿势，因为这种姿势像哭，不吉利。忌在船头（龙头）小便，船上吃饭先吃鱼头，寓意"一头顺风"。渔船禁止向邻船借物件，寓意"不夺别人财气"，而当邻船缺乏淡水或其他必需物资时，则要主动给予帮助。

山东渔民的海神

在渔民的心里，海蜇能够给人以祸福。所以，捕鱼时允许捕捞海蜇，但万万不能得罪海蜇。渔民说它有时趴在网上，看似只有碗口大，可是下水后眨眼就变得比碾盘还大。凡渔民见到海蜇，不仅要烧香烧纸，还要祷告。海上作业的人都忌讳说蜇，而尊称它为老人家、老帅、老爷子。有些习惯也由它而来，如渔船下锚时，首先要高叫一声："给——锚——了！"喊过之后，稍停片刻再将锚抛进海里，据说就是怕伤着海蜇，叫它避一避。

山东沿海渔民把鲸鱼当作海神来祭祀，他们称鲸鱼为"赶鱼郎"，有的地区还称其为老赵、老人家。称鲸鱼为"老赵"，是因为鲸鱼能给渔民带来收获，遇到鲸鱼类似于遇到了财神，财神姓赵。称鲸鱼为"老人家"则是一种比较亲近的称呼。山东沿海渔民还把见到鲸鱼称为"龙兵过"或"过龙兵"。传说，过龙兵时，走在最前面的是先锋官对虾，它所押解的是成群的黄花鱼和鲶鱼；先锋官后面充当仪仗的是对子鱼，仪仗队后面是夜叉，龙王坐着由十匹海马拉着的珊瑚车，鳖丞相在车左边，车两边各是四条大鲸鱼。渔民在海里捕捞作业时，遇到龙兵过，都要停止作业，举行祭祀仪式。

出海捕鱼前，山东渔民都会举行祭祀活动。鸣鞭炮，焚香烧纸，敲锣打鼓，祈求平安。每逢初一、十五，渔民家属也都会去海边为亲人祈祷、祝福。渔船满载归来时，会在船桅上挂"布挑子"向乡亲报喜。现在，有些渔船还不忘这种古老的风俗，每逢丰收还要挂起红色的"挑子"。

天津皇会与宝辇会

天津皇会原称娘娘会或天后圣会，民间口传源于元明时期，有文字记载的历史从清康熙四年（1665年）开始，后更名为"皇会"流传至今。天津皇会是旧时天津民间极为隆重的民俗活动，它最初为祭祀海神——天后娘娘诞辰吉日（农历三月二十三日）所举行的庆典仪式。会期为四天，第一天为"送驾"，把天后从天后宫接出来，送回娘家，因为天后林默是福建人，意在让娘娘与父母团聚一次。第二日为"接驾"日，各会聚于闽粤会馆，接娘娘返回天后宫，第三、四日为"巡香散福"。在这四天出会中，每天都有各会沿途表演节目。

康乾盛世，天津作为北方的经济中心和大都会城市，皇帝曾频繁驾临津门。据说康乾两朝皇帝在南巡过津途中，皇会均为迎驾举行隆重的仪式，两朝御赐黄马褂，从此天津皇会名扬四方。

天津皇会从清初到清末兴盛了两百多年。但是1900年八国联军入侵以后，一年一度的皇会冷淡了下来。在1924年和1936年又举办过两次，以后就再未举办。迎神的皇会虽然不举办了，但参加迎神赛会的民间文艺组织、节目、技艺以及銮驾、会旗、乐器还保留着。昔日以天后娘娘庆寿为目的的皇会，现在变成了以娱民为目的的花会，天津南郊小镇葛沽，号称花会之乡。每年春节期间，这里仍保留着"跑辇"风俗。"辇"是船民接送海神娘娘的交通工具，每逢农历正月是葛沽民间花会活动的高潮，多姿多彩的"宝辇"及各类花会队伍灯火辉煌，鼓乐齐鸣，在涌动的人群拥戴下轮番表演，成为人们庆贺太平、祈福迎祥的一项重大活动。

2003年，葛沽镇被文化部命名为"中国民间艺术之乡"。目前，全镇

▼龙灯

共有花会队伍26支，其中，宝辇会11支，耍乐会（龙灯、旱船、竹马、杠箱、渔樵耕读、高跷等）15支，所涉演职员达2 000人之众。他们在天津城区和村镇活动着、发展着，给天津百姓奉献着欢乐。

蓬莱贴艾虎

在山东蓬莱，有端午节贴艾虎、挂艾叶的习俗。远古时代，民间传说鬼最害怕的是神荼、郁垒、天鸡和老虎。战国时代，人们便将老虎画在门上，以阻止鬼进入。大约从宋朝开始，每逢端午，家家户户悬挂张天师驭虎像，用来去疾辟邪。

所谓艾虎，就是用艾草编成的老虎。老虎本身能辟邪，加上艾草则能"禳毒气"。艾虎曾是端午节用艾蒜缯楮等材料制作的张天师的坐骑，大的挂在门上，小的簪戴于头上。也有省略张天师，单以艾虎代替天师祛邪除毒的。至明清两代，山东地方志中所记载的端午民俗，不乏"人戴艾虎""妇女装艾虎""童佩艾人艾虎"以及"书门符、悬艾虎"之句。每逢农历五月初五，农家门楣插艾枝，门上贴艾虎。

结合民间剪纸艺术，艾虎剪纸也一度盛行胶东，尤其以蓬莱为盛。蓬莱民间保存的彩纸艾虎形象栩栩如

▲艾虎

▲妈祖庙

生，猛虎位于艾叶之上，虎头傲视，气势如虹。每到端午节，民众就会在一扇门上贴艾虎剪纸，另一扇门上贴葫芦剪纸。民间把剪纸门花葫芦称作"收毒葫芦"或"消灾葫芦"。葫芦后面配有七星宝剑，用菖蒲充当利剑。葫芦腰下部饰一虎头，腰上部有一蝎子，象征吸收五毒。

妈祖的传说

妈祖也称为天妃、天后、天上圣母、娘妈等，是世界上著名的海神，也是沿海地区共同信奉的神祇。

妈祖诞生于宋建隆元年（960年）农历三月二十三日。在她出生之前，父母已生过五个女儿，十分盼望再生一个儿子，因而朝夕焚香祝天，祈求早诞麟儿。就在她出生那天的傍晚，邻里乡亲看见流星化为一道红光

从西北天空射来，晶莹夺目，把岛屿上的岩石都映红了。所以，父母感到这个女婴必非等闲，也就特别疼爱。因为她从出生至弥月都不曾啼哭，父母便给她取名林默，又称默娘。

幼年时的林默就比其他姐妹聪明颖悟，八岁从塾师启蒙读书，不但过目成诵，而且能理解文字的义旨。长大后，她矢志不嫁，决心终生以行善济人为志愿。她性情和顺，热心助人，乐于为乡亲们排忧解难，还经常引导人们避凶趋吉。人们遇到困难，也都愿意跟她商量，请她帮助。

由于自幼生长在大海之滨，林默还洞晓天文气象，熟习水性。湄洲岛与大陆之间的海峡有不少礁石，在这片海域里被困的渔舟、商船常得到林默的救助，因而人们传说她能"乘席渡海"。她还能预知天气变化，提前告知船户可否出航，所以又传说她能"预知休咎事"，称她为"神女""龙女"。

宋太宗雍熙四年（987年）九月初九，年仅二十八岁的林默与世长辞。这一天，湄洲岛上群众纷纷传说，他们看见湄峰山上有朵彩云冉冉升起，又恍惚听见空中有一阵阵悦耳的音乐……。从此以后，航海的人又传说常见林默身着红装飞翔在海上，救助遇难呼救的人。因此，海船上慢慢普遍供奉妈祖神像，以祈求航行平安顺利。

妈祖信仰产生至今已有一千多年。作为民间信仰，它延续之久、传播之广、影响之深，都是其他民间崇拜所不曾有的。宋、元、明、清几代不断对她进行褒奖、册封，从宋之"妃"、元之"天妃"、明之"圣妃"到清的"天后"以至"天上圣母"，把妈祖由民间神提升为官方的航海保护神，而且神格越来越高，传播的面越来越广。两宋期间，由于海运、贸易的高度发展，妈祖庙宇逐渐遍布闽、粤、浙、苏、鲁等沿海区域；到元、明、清时，随着漕运、海外交通的进一步发展，妈祖信仰又从沿海城镇深入到内河水运地区，并远播世界各地。据统计，妈祖信徒遍及二十多个国家和地区，在北京、天津、河北、辽宁、山东、江苏、上海、浙江、福建、台湾、广东、海南、广西、四川、重庆、云南、贵州、湖北、湖南、陕西、江西、安徽、内蒙古等地区都建有妈祖庙，其中莆田湄洲岛的妈祖庙、天津的天后宫、澳门的妈祖阁、台湾北港的朝天宫和鹿港妈祖庙是中国天后宫中有名的大庙。现今世界上有二十多个国家和地区建有天后宫，足见妈祖信仰影响之深远。

妈祖生平有许多传说，妈祖信仰《天后志》记载的有十五则，《天妃显圣录》记载的有十六则。这些传说集中反映了妈祖生前降妖除魔、祈雨灭患、治病救人、除恶扬善、造福百姓的高尚精神和品德。妈祖的这些传说在民间至今仍广为流传。

节庆风俗

节庆作为中国约定俗成的社会活动，在人们的生活中占有重要的位置，而不同地区的节庆风俗又带着明显的地域色彩。

昌黎秧歌拜年

在昌黎、乐亭、抚宁等县，世代流传着一个奇妙的年俗：拜年不磕头，而是扭秧歌。冀东秧歌是徒步在地上表演的一种民间舞蹈，不受演出场地、道具、人员多少、年龄大小的限制，机动灵活。张家给李家拜年，张家的秧歌扭到李家，张庄给李庄拜年，也是扭着秧歌进李庄。冀东秧歌是中国四大秧歌（另有陕北秧歌、胶东秧歌、东北秧歌）之一。

冀东秧歌分为过街秧歌和场子秧歌两种。过街秧歌是走街串巷，沿途表演。场子秧歌是在广场或十字街头，腾出场地，大扭一番，有时还扭一会儿唱一段，用锣、鼓、镲间奏，然后表演带故事的"小出子"（小型舞蹈节目）。表演时多有武生角色在前面开路打场，其他角色上场开扭，脚下行步，全身配合，肩、腰部扭动，双手可持花团、扇、条绢、烟袋等道具摇摆造型。

秧歌在昌黎一带不仅仅作为拜年的形式，平常也作为娱乐的项目表演。

蓬莱渔灯节

渔灯节距今已有500多年的历史，是从元宵节中分化出来的一个专属当地渔民的节日，具有鲜明的渔家特色。

每年正月十三或十四的午后，蓬莱、芦洋一带的渔民以一家一户为单位，自发地从家里抬着祭品，打着彩旗，一路放着鞭炮，先到龙王庙或海神娘娘庙送灯、祭神，祈求鱼虾满舱，平安发财。再到渔船上祭船、祭海，最后到海边放灯、祈求海神娘娘用灯指引渔船平安返航。如今渔灯多用现成的生日蜡烛，但底座仍然沿袭从前以萝卜做灯座的旧习惯，生日蜡烛都插在萝卜底座上。除了这些传统的祭祀活动，现在的渔灯节还增添了在庙前搭台唱戏及锣鼓、秧歌、舞龙等群众自娱自乐的活动。

望海大会

望海大会俗称"逛码头"，于每年的农历五月初五在秦皇岛求仙入海处举行。

据传两千多年前，秦始皇为了求得长生不老药，特命方士徐福携五百童男童女前往东海求药，这一去便再无音讯，不见归来。据说徐福求不到长生不老药，便偷偷地转去了一个孤岛，率数千童男童女在岛上繁衍生息定居下来，这个岛便是今天的日本。

传说当时数千少男少女被迫登舟，沙滩上，他们的家人奔走相送，难分难舍，于是每年到了五月初五，童男童女的亲人们便来到入海处，登高远眺，盼望亲人归来。久而久之，望海便演变成了古老民俗——望海大会。

每到这个日子，东至绥中、西至乐亭的人们呼朋唤友，结伴而行，赶到秦皇岛逛码头。码头上各种小吃、农副产品随处可见，如同赶集，胜似庙会。人们除了观赏码头的风景，买些货物，还到海边拾些海物。如今的望海大会既积淀着秦皇岛人的淳朴民风，也表现了人们与大海自然和谐的关系。

莱州面塑迎新春

山东莱州农村迎新年、过春节以及其他喜庆时日，都要捏制面塑以示庆祝。民间流传着这样一句歌谣："做春燕，捏龙凤，描花画叶欢吉庆"。面塑作为一种民间传统工艺，在山东省莱州市金城镇流传甚广，如今已有千年的历史。莱州面塑是一种绿色食品，它配方简单，没有任何的添加剂，营养丰富，细腻光滑，口感香甜，勘称"中华一绝"。虽然现在这种工艺在城市已不多见，但在莱州农村它仍是迎新纳福、婚嫁建房等喜庆事中不可缺少的。

面塑制作融合了雕塑和绘画两个艺术门类，制作工艺分为两大部分，一是成形，二是彩绘。做面塑时，先把小麦精粉调入适量白糖，和好面团，发酵后经过揉、搓，塑出人物花卉、鸟兽鱼虫、吉祥图案、戏曲人物等基本形态，再用工具进行剪、点、捏，使其特点突出、气韵传神。蒸熟后，再予以淡妆浓抹，巧加美饰。成品面塑风格多样，如订婚的"鸳鸯"、结婚的"喜饽饽"、小孩过百岁的"穗子"、老年人庆寿的"寿桃"、盖房庆梁的"梁龙"，以人物花卉、鸟兽鱼虫、吉祥图形、戏曲故事为题材的装饰艺术品，花样繁多，不胜枚举，有的古朴自然，有的细腻精巧，有的运用夸张，大胆变形，匠心独具，自成一格。

正月十五摸狮子

在葫芦岛市的农历正月十五晚上，兴城南街人潮如涌，他们都是为摸牌楼身边的狮子而来，这个狮子便是兴城古城祖氏石坊脚下的八尊大石狮子。

"元宵节摸狮子"的民俗起源于一个民间故事。相传，祖大寿石牌坊东南的石狮子因吸收日月精华，成了精。它经常在夜里潜入胡同一家豆腐坊偷吃豆腐。一夜，石狮子又偷偷钻进豆腐坊，被豆腐坊主发现。石狮

▲石狮子

子逃之不及，被豆腐坊主用磨杆打掉了下嘴唇上的肉。从此每当星星出来时，石狮子嘴上的伤就会流血，痛得它不停呻吟。一天夜里，狮子的呻吟声被石坊下住着的一位老妇人听见了。老人动了恻隐之心，每天都用盐水为狮子洗伤口。一段时间后狮子的伤口好了。

为了报恩，石狮子便托梦给老太太，告诉她如果身上哪个部位疼痛，就在正月十五晚上来摸石狮子的相同部位，病痛就会消除。老太太照此去做，果然灵验。从此，一传十，十传百，便形成了"正月十五摸狮子"的习俗。

沧州走百病

在沧州正月十六的晚上，市区主要街道都会戒严，人们手挽手，肩并肩，成群结队地出门观花灯、放焰火、走桥头、丢药渣，俗称"溜百

病", 也称"走三桥""摸钉"。

"溜百病"这一习俗早在明朝就盛行于京城, 最初仅限于妇女。万历年间《宛署杂记》一书中描述: "正月十六夜, 妇女群游祈免灾咎, 前令一人持香辟人, 名曰走百病。凡有桥之处, 三五相率一过, 取渡厄之意。或云经岁令无百病, 暗中举手摸城门钉, 摸中者, 以为吉兆。"溜百病也不一定都是妇女的行为, 有的也是男女同游, 称"走老貌"。

溜百病时凡有桥的地方必过, 走桥时一定要摸一摸城门上的铜钉。因为"钉"与"丁"谐音, 认为这样生男育女都能如愿。有的地方, 人们带着平时煎药的瓦罐, 将药渣倒在河里。传说这天晚上饿鬼出游大多聚集在河梁下乞食, 丢药渣意味着请鬼吃药后将病人身上的病根一起带走。有的地方在"溜百病"途中采摘一些生菜, 有的地方行走途中要拾一些干柴带回家, 用以烧水洗手、洗脚, 据说可以防手脚冻裂。

其实, 正月十六走百病这一习俗已广泛流传于大江南北和各少数民族中。如今人们丰富多彩的春游活动也正是它的延续和发展。

婚庆习俗

婚庆作为人们生活中重要的仪式之一, 每个地方都不大相同, 渤海沿岸地区又以大连婚俗最有特色。

在大连, 有着一种奇怪的结婚习俗。在迎亲花车经过的主要道路, 要用红纸压在井盖上。据说过去用花轿迎亲时, 要避讳路边的枯井、姑子庵、坟地的冤魂野鬼, 所以在迎亲经过的道路旁边将这些晦气之物用伏帖压住, 防止冤魂野鬼和晦气之物伏在新娘身上。后来, 随着习俗的演变, 现代的人们就用红纸替代了伏帖, 压在街道的井盖上, 以图吉利。

井盖代表一种不吉利, 过去老人常说走路要避开井盖走, 一是不安全，二是避晦气。结婚大事更是万事图吉利，所以要用红纸盖上以避晦气。将井盖铺上红纸，即使结婚的庞大队伍踩上也认为不是井盖，不会招惹晦气，其实这就是结婚时的讨彩头。

一般民间习俗认为，贴喜字和压井盖要同时进行，要在迎亲当天的日出之前进行，按照选择好的迎亲路线，用红纸压井盖，将晦气之物压住。贴喜字和压井盖也有讲究，在贴喜字时，一般是由远及近、由外向里贴，而红纸压井盖是由近向远压，这寓意着挡住晦气，迎进喜庆。

红盖头

古时候举行婚礼时，新娘头上都会蒙着一块别致的大红绸缎，称为红盖头，入洞房时由新郎揭开。

最早的盖头约出现在南北朝时，当时是妇女避风寒用的，仅仅盖住头顶。到唐朝初期，便演变成一种从头披到肩的帷帽，用以遮羞。据传，唐朝开元、天宝年间，唐明皇李隆基为了标新立异，有意突破旧习，指令宫女以"透额罗"罩头，也就是妇女在唐初的帷帽上再盖一块薄纱遮住面额，作为一种装饰物。从后晋到元朝，盖头在民间流行，并成为新娘不可缺少的喜庆装饰。为了表示喜庆，盖头都选用红色的。

▲红盖头

新娘为什么要蒙盖头，根据

红盖头不同的功能，也流传着不同的故事。唐朝李冗的《独异志》载，传说在宇宙初开时，天下只有女娲、伏羲兄妹二人。为了繁衍人类，兄妹俩要配为夫妻。但他俩又觉得害羞，于是到山顶向天祷告："天若同意我兄妹二人为夫妻，就让几块云团聚合起来；若不让，就叫它们散开吧。"话一落音，那几块云团慢慢靠近，终于聚合为一。于是，女娲就与兄成婚。女娲为了遮盖羞颜，乃结草为扇以障其面。扇与苫同音，苫者，盖也。而以扇遮面，终不如丝织物轻柔、简便、美观。因此，执扇遮面就逐渐被盖头代替了。这里的红盖头所起的作用主要是遮羞。一方面，表明了人们对于血缘婚制的否定态度。另一方面，则是对新娘子将为人妻的惶惑、焦虑、不安、恐惧、羞涩等种种心理情感的映射。

新娘蒙红盖头，还流传着这样一个故事。相传姜太公佐周伐商成功后，封商纣王为天喜星，专管人间婚姻嫁娶的送喜。但纣王不改好淫贪色的恶习，送喜时但见新娘娇美，动辄非礼之。老百姓非常气愤，向姜太公告状。姜太公教大家以后送新娘上轿前，先在头脸上蒙块红布，然后放起鞭炮。人们依言行事，纣王果然不敢再作恶了，只得老老实实地将新娘护送到男家。原来，姜太公随周武王伐商时，是打着大红旗进入商都朝歌的，纣王不仅挨过姜太公的神鞭，自焚死后还被割下脑袋，挂在红旗上。如今见新娘红巾遮面，又闻鞭炮声响，误以为姜太公又打旗祭鞭来收拾他，邪念顿消。自此，红盖头成了新娘降伏喜神、逢凶化吉的护身之宝，连同发轿时燃放鞭炮的规矩，一起流传下来。不难看出，这一故事中，红盖头主要是起辟邪、保平安的作用。红盖头既可以防止新娘受到邪气的侵犯，又可以确保新娘不把邪气带到新郎家，造成不祥的后果。

另外民间曾流传着一个与感恩有关的红盖头的故事。北宋末年，康王在逃跑途中遇到金兵的追杀，在走投无路时，一个在场上晒谷的姑娘将他藏在倒扣的箩筐里，救了他。为了报答救命之恩，康王送给姑娘一条红帕，并约定明年的今天来迎娶姑娘，到时只要她将红帕盖在头上，便可认出是她。第二年，康王如约而至。谁知山野到处都是盖有红帕的姑娘，康王不知道哪个是真哪个是假，没了主意。原来，那农家姑娘与康王邂逅以后，思量再三，觉得嫁个君王不如做个村妇可自在，可皇命难违，恐怕性命不保，与小姐妹一商量，最后想出来这个妙计。这段故事随后越传越广，姑娘们都觉得有趣，以至以后出嫁时都要备一条红帕盖头。

也有人认为，红盖头与中国旧制婚俗里的抢亲习俗有关。男方迎娶女方，女方要蒙上红盖头，据说原始意思是为了防止女子半路伺机出逃，也可能是防止她们记下回家的路。这一点，和土匪绑人用黑布蒙其眼一个道理。

欢欢喜喜闹洞房

洞房原指深邃的内室，比喻为洞，含有神秘之意。后来用来称新婚夫妇住的卧室，并用"洞房花烛夜"来形容新婚之夜的喜庆气氛。自汉代以来，新人结婚即有闹洞房的习俗。

关于闹房习俗的来历，中国民间有两种说法。一说源于驱邪避灾。相传，紫微星一日下凡，在路上遇到一个披麻戴孝的女子尾随在一支迎亲队伍之后，他看出这是魔鬼在伺机作恶，于是就跟踪新郎到家，只见那女人已先到了，并躲进洞房。当新郎、新娘拜完天地要进入洞房时，紫微星守着门不让进，说里面藏着魔鬼。众人请他指点除魔办法，他建议道："魔鬼最怕人多，人多势众，魔鬼就不敢行凶作恶了。"于是，新郎请客人们在洞房里嬉戏说笑，用笑声驱走邪鬼，果然，到了五更时分，魔鬼终于逃

走了。可见，闹房一开始即被蒙上了驱邪避灾的色彩。

闹洞房的习俗，直到现在，还在有些地方保留着。俗语说："不闹不发，越闹越发"，民间还有"新婚三日无大小"的习惯，即婚后三天，宾客、乡邻、亲友不分辈分高低，男女老幼都可以会聚新房参与逗闹新郎、新娘。人们认为，闹新房不仅能增添新婚的喜庆气氛，还能驱邪避恶，保佑新郎、新娘婚后吉祥如意，兴旺发达。

回门礼节不可缺

按照中国婚俗习惯，结婚三天，新娘便要偕同新郎一起回娘家，也称"回门"。这是一种必不可少的礼节。因为这是女子出嫁第一次回娘家，又多为新婚夫妇同行，所以又称"双回门"。因为回门大都是婚后的第三天进行，故又称为"三朝回门"。

新娘家老人心里非常重视三天回门，因此新郎事先无论是从思想上还是在礼品上都要有所准备，争取给岳父岳母留下好印象。

礼品事先备齐，买新娘家老人喜欢的礼品，礼品一般有四件。回门一般在上午九十点钟动身。新郎新娘应像参加婚礼那样认真修饰、打扮，保持婚礼上漂亮、俊美的形象。

回到娘家，新郎、新娘首先要问候老人。这时，新郎就应改口，跟新娘一样称岳父母为爸爸、妈妈，要叫得自然、亲切，对待亲友和邻居也应表现出亲切热忱，彬彬有礼，见人先打招呼，以礼相待。

就餐时，新娘要陪着新郎一一向父母、亲友和邻里敬酒，感谢大家对自己新婚的祝福。饭后，不要急于回家，应再陪父母聊一会儿，听听他们的教诲，然后再告辞回家。临走时应主动邀请两位老人和兄弟姐妹到自己家里做客，也可邀请亲友、邻里。

渤海沿岸话美食

古语云：民以食为天，可见饮食在人们生活中的重要性。而在渤海沿岸城镇里，各地人们又有着独特的口味和偏爱。山东的煎饼，天津的包子，蓬莱的小面，盘锦的野菜，样样都不简单。这些独特的地方美食，以其独特的味道和有趣的传说吸引着人们的目光。

曲阜美食

　　曲阜是闻名世界的文化巨人孔子生活、讲学的地方。圣哲的光挥洒在这座小城，闪耀了几千年，直至今日依旧熠熠生辉。这里的人们始终以"有朋自远方来，不亦乐乎"的心态，热情地迎接着八方来客。

　　这里的人们对于孔子以及孔氏家族的历史都有相当的了解，他们随口便可以给远道而来的游人讲上一段孔家史，介绍一番曲阜城。孔子是著名的思想家，开创了儒家学派，其思想被自汉武帝以来的历代封建

▲孔子雕像

统治者奉为最高的思想准则。他是杰出的教育家，桃李满园，硕果累累，"弟子三千，贤人七十二"。他提出的"因材施教"的科学教学理念至今仍对人们有重要的启示。他又是一位优秀的政治家，他周游列国，向各国的君主阐述"仁""礼"之说。孔子关于仁义礼节、治国理家、修身治学的思想多为人们所熟知，然而却很少有人重视或研究孔子的饮食思想。即使偶尔有人为之，也往往不够系统全面。

实际上，孔子对于饮食问题十分重视，有相当数量关于科学饮食、食礼、食德等方面的论述。由于孔子的荫德，其家族受到历代君王的封赏，成了"天下第一家"。由于祭祀、接待达官贵人的需要，以及府内自身的需求，孔府在饮食方面十分重视，其风味也独具一格，秉承着孔子"食不厌精，脍不厌细"的训示。经过千百年的不断发展完善，最终形成了以"选材广泛、做工精细、善于调味、讲究盛器、菜名极富文化韵味"而著称的孔府菜。

孔府菜是以鲁菜为基础的，同时也吸收了苏州菜的优秀技艺，还融合了很多皇家御膳的精华，经过无数代厨师的创造，广收博取，才形成了规模宏大、体系完备的孔府菜。由于特定的历史背景，孔府饮食文化实际上反映了中华民族对儒家文化的尊崇。在诸多技法上，尤其以烧、炒、煨、炸、扒见长。其风味特色是清淡鲜嫩、软烂香醇、原汁原味，代表菜有金钩挂银条、诗礼银杏、神仙鸭子、一卵孵双凤、阳关三叠、一品豆腐、带子上朝等。

金钩挂银条

此菜清素悦目，脆嫩爽口，是孔府宴中的传统名菜。将绿豆芽剪去根须、芽瓣，留中段弯曲部分，泡于水中；湖虾洗净去杂，用温水浸泡。

▲孔府饭店

锅内放油，油热滑锅，加入花椒油、葱姜末，倒入绿豆芽，急火翻炒，随即加入湖虾，细盐，翻勺倒入盘中，淋香油，即可上桌。

据记载，有一次清乾隆皇帝来曲阜孔庙朝圣，宴席间他什么菜也不愿吃，想吃点素菜，当时孔府厨师随即抓了一把绿豆芽，去根须、芽瓣，急炒后加入湖虾，乾隆见黄白分明，品尝后说：此菜清素鲜脆，很合口味，真是一道好菜，像是金钩银条，即有金钩挂银条的菜名，并久传不衰。

诗礼银杏

白果去壳，用沸水略煮，剥去外皮，放入蒸碗内加水上笼蒸煮，用冷水过凉，透出白果心芽胚，换上清水浸泡约1小时，再换水冲洗，尝无苦味为好，再用冰糖水浸泡约4小时，加上白糖。将已泡好的白果，加水慢火收燸，待水耗汁浓，加入蜂蜜拌匀，倒入盘内，布匀山楂丁，浇上浓汁，上桌。

此菜清香甜美，柔韧筋道，可解酒止咳，是孔府宴中独具特色的菜。成菜色如琥珀，清新淡鲜，酥烂甘馥，十分宜人，是孔府宴中的名肴珍品。

据《孔府档案》记载，孔子教其子孔鲤学诗习礼时曰："不学诗，无以言；不学礼，无以立"，事后传为美谈，其后裔自称"诗礼世家"。至五十三代衍圣公孔治，建造诗礼堂，以表敬意。堂前有银杏树两株，苍劲挺拔，果实硕大丰满。孔府宴中的银杏，即取此树之果，故名"诗礼银杏"，此为孔府宴中特有的传统菜。

一卵孵双凤

将冬瓜选段，洗尽毛霜，雕刻有意义的历史图案——孔子周游列国车马图，盖和上沿均刻牙边，盖上刻字和图案，再挖去籽，里边用清汤氽过，烫好备用。用开水氽过净鸡，放入锅内，加清汤、佐料炖煮，沸后撇去浮沫，再以文火炖煮，炖至熟烂后捞出，装入瓜内，露出双鸡头。辅料和嫩瓜瓤切成小块，用汤氽过，分均装入瓜内空隙处。将原汤煮沸，倒入瓜内，盖上瓜盖，用签固定，上笼蒸2小时取出，用布擦净瓜的外皮，即可登席。

此菜外形新颖别致，古朴典雅，富有孔府菜烹饪特色，味道鲜美淡雅，有独特之冬瓜清香，是孔府宴中大件工艺菜。

神仙鸭子

神仙鸭子，又称清蒸鸭子，是孔府宴中历史悠久的大件菜。据记载：在孔子第七十四代孙孔繁坡任山西同州知府时，有一天其随从厨师做了一道清蒸全鸭，食之肉烂脱骨，汤鲜味美，肥而不腻，当即询问此菜做法。厨师答曰："上笼清蒸，插香计时，香尽鸭熟。"孔繁坡听言，深感惊奇，连称神仙鸭子，故而得名，并成为后来脍炙人口的美味佳肴。

蓬莱美食

蓬莱古称登州府，秦始皇求不老药的神山即在此，八仙过海也发生在这里。自古以来蓬莱便是人间最具仙气的福地。方士徐福曾向秦始皇上书，入海求仙发现神山蓬莱。在秦始皇二十八年（前219年），徐福带了数千童男童女，东渡一去不返。

传说无论真实与否，蓬莱都是历代文人骚客必来之地。蓬莱仙文化、福文化底蕴深厚。蓬莱毗邻鲁菜发源地福山，更有从福山大面演变而来的蓬莱小面。蓬莱小面、鲅鱼水饺、咸鱼饼子成为蓬莱饮食几大特色。其中以蓬莱小面最具特点，一个是只有在蓬莱才能吃，另一个是出了蓬莱吃不到。这两句话好像一个意思，其实有不同的意思。蓬莱小面只有用蓬莱特产真鲷鱼开卤才能吃到正宗口味，所以只有在蓬莱才能吃。

蓬莱人还有个特点，在仙境住得久，不愿意离开蓬莱，所以蓬莱小面总也走不出去。

蓬莱小面

蓬莱小面系蓬莱传统名吃，历史悠久。面条为人工拉制(抻面，当地俗称"摔面")，条细而韧，卤为真鲷鱼(俗称加吉鱼)熬汤兑制，加适量绿豆淀粉，配以酱油、木耳、香油、八角、花椒等作料，每碗一两，具有独特的海鲜风味。

民国时期，衣福堂制作的蓬莱小面闻名遐迩。衣福堂祖籍栖霞，13岁学厨，自营过挑担拉面，与人合开过兼营小面的饭店，1945年自营"衣记"饭馆。他制作的小面用料和做工极其考究，故供应量不大，每晨仅售百碗，以其做工考究、味道鲜美远近闻名，常有外地客商因吃不上衣福堂小面而以为憾事。

鲅鱼水饺

小面在蓬莱美食中是第一位的，排第二的就是鲅鱼水饺。鲅鱼水饺胶东地区一般都有，和其他地方的鲅鱼水饺不同，蓬莱的鲅鱼水饺没吃过的能吓一跳，它看起来不像饺子，应该叫煮的大馅饼。个大，有半个手掌大，一个有三四两，有的饭店更是一个一斤。鲅鱼水饺皮薄，有的人不吃馅光吃皮，皮软滑半透明，包着一堆馅愣是不破，这真得有点儿功夫。味鲜，高手调馅，根本不用放味精，选用渤海湾新鲜锃亮的大鲅鱼，剔骨去

▲蓬莱城

刺制成鱼泥，加点肥肉增香，然后再打入蛋清，加入蓬莱当地嫩韭菜，加点儿盐、糖、酒就成了。倒入开水锅内滚三滚，蘸上点芥末、陈醋，真的很美味！

秘制海胆灌汤包

灌汤包相传是北宋皇家食品，开封名吃。灌汤包的历史和蓬莱阁建阁历史差不多。据蓬莱民间传说，当时建阁之后，苏东坡到登州府上任五日，这五日为登州百姓办了两件好事，但是还有一件不为人知，就是他把北宋皇帝吃的灌汤包带到了蓬莱。相传当时并不叫灌汤包，叫作灌汤馒头，大文豪看这皮薄汤多，怎么能叫馒头，拍拍头，就叫灌汤包！如此说来，灌汤包祖籍是不是开封还真不好说。蓬莱海胆灌汤包来源于蓬莱农村的一位老太太，据说是老太太上辈的手艺。利用蓬莱当地特产紫海胆，与上海蟹黄包有机结合，经过无数次的试制，老太太研制出了秘制海胆灌汤包。其不但具有开封灌汤包肉汤浓厚的特点，也兼有上海蟹黄包的肥美，更有独具滋味的海胆的极鲜。吃灌汤包，汤列第一位，肉馅次之，面皮更次之。轻轻移、慢慢提的吃法现在改成不用移、吸管吸的文明吃法。吃面吃肉喝汤，也是饮食文化的代表。

萝卜丝饺子

好吃不如饺子。素馅饺子最好吃的莫过于萝卜丝饺子。萝卜、海米、肉脂、粉丝经过黄金配比，味道那叫一个鲜呀。有个小店推出了萝卜丝水饺，个大皮薄，风味独特，大批食客不顾店面小陋，驱车前往，就为一盘萝卜丝饺子。以后萝卜丝水饺日渐风行蓬莱，大有取鲅鱼水饺地位而代之的势头。

吃着萝卜喝着茶，气得医生满地爬。把萝卜丝放开水里焯一下，时间长一点，太硬了就不好吃。焯好后挤掉水分并且剁碎。肉脂切丁待用，一把海米切碎。把剁碎的萝卜丝、肉脂丁、海米加葱姜末、花生油、酱油、香油、盐、味精，搅拌均匀，然后和好面，包就可以了。萝卜丝和海米在一起，那味道就是绝配。

蓬莱萝卜丝水饺取材精致，采用潍坊萝卜、长岛小干海米、龙口粉丝，油多一分则腻，少一分不香，海米多一个则咸，少一个不鲜，精益求精，这才引得无数食客竞相品味。

烟台美食

以烟台福山菜为代表的胶东菜是鲁菜的三大支柱之一，烟台福山市被称为"鲁菜之乡"，同时也是中国著名的"四大烹饪之乡"之一。烟台境内山丘众多，又濒临海洋，资源丰富，为福山菜提供了优质的原材料。福

▲烟台市

山菜以清鲜、脆嫩、原汁原味为特点。

烟台糟熘鱼片等传统名菜，距今已有五六百年的历史。据说，明朝隆庆年间，兵部尚书郭忠皋(福山下夼村人)回乡省亲，从老家带回一名厨师，适逢穆宗皇帝朱载垕为宠妃做寿，宴请文武百官，郭尚书推荐福山厨师主持御宴。厨师倾其全身技艺，使御宴一扫旧颜，满朝文武无不开怀畅饮。朱载垕至翌日日出三竿方才酒醒，似觉口中仍然美味不绝，对福山厨师深为叹服。数年后，那位厨师告老还乡。一日，朱载垕不思饮食，单念那福山厨师做的糟熘鱼片，皇后即派半副銮驾赶往福山降旨，将那厨师和两名徒弟召进宫，那名厨师的家乡被后人称为"銮驾庄"，至今犹在。此菜以软嫩滑润，鲜中透有糟香而闻名。

博山名吃

山东淄博人对过年（春节）是特别重视。过去过年特别隆重，早早地就准备年货，早早地就开始准备年节大菜。在各种各样的博山年节菜中，有一道菜是必不可少的，那就是著名的"博山酥锅"。博山人对于做酥锅，有一种近乎神圣的意思，家家都做，好像没有了酥锅就不是过年。所谓"穷也酥锅，富也酥锅"，那是说做酥锅的原料可以根据自己的条件来搭配。比如你家富有，可以整鸡整鱼做进去，他家条件差，可以把鱼头鱼尾、碎肉鸡架什么做进去，也叫"酥锅"。来客人了，盛上一盘：尝尝俺家酥锅！所以有"家家做酥锅，一家一个味"之说。

很多外地人都知道有这么一道名菜，但也有很多人没吃过。原因是这道菜做法烦琐，平时很少有人做，只有到了春节，才是家家做酥锅的日子。但这道菜还是让吃过的人念念不忘，逐渐向外地传播开来，先是博山所在的淄博市，又随着交通的发达，逐渐传播到山东其他地方或者更远的地方……

如今博山酥锅逐渐形成了比较统一的做法，再后来，就形成了加工产业，使用真空包装，装袋卖到全国各地。好多人想学着做可就是做不出那个原味。

春卷

春卷的做法是用烙熟的圆形薄面皮卷裹馅心，成长条形，然后下油锅炸至金黄色浮起而成。馅心可荤可素，可咸可甜。品种有韭黄肉丝春卷、荠菜春卷、豆沙春卷等。春卷是由古代立春之日食用春盘的习俗演变而成的。春盘始于晋代，初名五辛盘。五辛盘中盛有五种辛荤的蔬菜，如小蒜、大蒜、韭、芸薹、胡荽等，是供人们在春日食用后发五脏之气用的。唐时，春盘的内容有了变化，更趋精美。元代《居家必用事类全集》已经出现将春饼卷裹馅料油炸后食用的记载。类似记载，明代食谱《易牙遗意》中也有。到了清代，已出现春卷的名称。

德州扒鸡

山东历史传统名吃五香脱骨扒鸡，最早创产于禹城，因其工艺独特、用料考究、肉烂脱骨、营养丰富等特点而远近闻名。据传，德州扒鸡在乾隆年间就盛传全国，被列为山东贡品之一。1919年德州扒鸡载入《山东各县乡土调查录》，列为《中国名菜谱》145种名菜之首，并有"脱骨扒鸡，宗法禹城"的记载。

据《禹城县志》记载，制作扒鸡最早的禹城城北月牙湾村村民王明奎，其祖辈皆以煮鸡为生，他家把杀好的鸡两腿交叉别入膛内，把两只翅膀从鸡脖的刀口插入，让翅尖从嘴的两侧伸出，然后放上常用的佐料，曰"扒鸡"。后来，为招揽生意，他请一名老中医开了丁香、桂皮、花椒、

大料、小茴香等5味调味品煮鸡，煮出的扒鸡，使人大开胃口，那时叫作"五香扒鸡"。王明奎18岁那年（清光绪十七年，即1891年）秋季的一天傍晚，他把20多只鸡煮在锅里，灶中多加劈柴，燃起火就去歇息，由于劳累，醒来时天已大亮，炖时大过，锅里的鸡塌了下去，一提鸡腿，骨肉分离。他哭笑不得，只好用铁笊篱小心地把鸡捞到篮子里提到县城去卖，并将煮烂的鸡取名叫"五香脱骨扒鸡"。在县衙门口叫喊了几声后，"脱骨"二字便引起众人注意，霎时间招徕了许多食客。从此，他家煮鸡都长时间炖煮，直至脱骨，形成了独特的制作工艺。从此，禹城五香脱骨扒鸡便声名大震，南北驰名。王明奎于次年（1892年）初在德州办起了以经营脱骨扒鸡为主的小饭庄，从此，禹城五香脱骨扒鸡便传入德州。另外，王明奎有个儿子叫王吉三，爷俩凭着一手高超的技术，先后在禹城火车站、德州、济南、利津等地开设了扒鸡铺，禹城五香脱骨扒鸡的声名也越来越大。

武城旋饼

旋饼是山东武城传统名吃。相传崇祯十七年（公元1644年）春，李自成攻打北京，路经武城，闻香下马，带领身边随从径入小小的馅饼棚，饱餐之余，兴致勃勃地看了馅饼师傅的旋转技艺，说："你闪持着馅饼牌子，看这做法岂不是旋饼吗？"于是，武城旋饼因此而得名。武城旋饼选料精良，面要上等，肉要瘦肉，其制作更加讲究，和面要根据四季温度的不同掌握软硬，并反复揉捏，馅有猪肉、羊肉、牛肉，也有鸡蛋的，厚如指，大如盘，色泽油亮，外皮油酥焦脆，内馅松软香嫩，肥而不腻，清香可口，愈吃愈香，回味无穷。

天津小吃本来只有"三绝"：狗不理包子、十八街麻花、耳朵眼炸糕，但后人为了吉祥顺口，于是在此基础之上新增了一个"猫不闻饺子"与"狗不理包子"配对，同时就凑成了"津门四绝"。

狗不理包子

狗不理包子是天津的风味名点。它色白面柔，大小一致，底帮厚薄相同，一咬起来直流油，但又不感肥腻，味道十分鲜美。它为何有此特色呢？原来它在用料和制作上皆有讲究。具体是用肥瘦鲜猪肉以3：7比例加适量的水，佐以排骨汤或肚汤，加上小磨香油、特制酱油、姜末、葱末、味精等，精心调拌成包子馅料。包子皮用半发面，和面时水温一般要求保持在15℃左右，在搓条、放剂之后，擀成直径为8.5厘米左右、薄厚均匀的圆形皮。包入馅料，用手指精心捏

▲天津

折，同时用力将褶捻开，每个包子有固定的15个褶，褶花疏密一致，如白菊花形。然后上炉，用硬气蒸5分钟即可。

如此富有特色的地方小吃，怎么会取"狗不理"这么一个怪名称呢？传说在清朝的时候，天津附近武清县杨村住着一个少年，名唤高贵有，他从小性格倔犟，出了名的牛脾气，如果逆了他的性子，九头牛也拉不回来，任何人也不理。这一天，高贵有的牛脾气又发作了，父亲吓，他不睬，母亲劝，他不理，就是拧着脖子，一声不吭。母亲叹了口气，说道："你这种牛脾气呀，真是个'狗不理'啊！"意思是说他脾气坏得连狗也不愿搭理。"狗不理"的绰号，就这样传开了。

转眼间，高贵有长到14岁，脾气依然十分暴躁倔犟。父亲害怕他在村子里惹是生非，就托人把他带到了天津，去学点儿手艺，找点儿事做。恰好坐落在天津南运河边上的刘家蒸吃铺需要小伙计，高贵有就被介绍了进去。

刘家蒸吃铺主要经营蒸食和肉包，供应那些在运河上讨生活的船工、纤夫以及小商小贩，活计十分繁重，高贵有虽然脾气坏，但从小吃惯了苦，所以干活很勤快，店里的师傅们都很喜欢他。高贵有人又十分聪明，什么东西一学就会，因而店里就专门让他学做包子。由于高贵有勤奋好学，加上师傅们的精心指点，他做包子的手艺不断长进，很快就小有名气了。

三年满师后，高贵有已经精通了做包子的各种手艺，于是就独立出来，自己开办了一家专营包子的小吃铺。由于高贵有手艺好，做事又十分认真，从不掺假，所以做出来的包子特别好吃，名声很快就响了起来，来吃他包子的人越来越多。由于人们喊惯了他的绰号"狗不理"，顺带也就把他做的包子称为"狗不理包子"。没想到这个特别的名称竟使得他的生意更加红火了。

高贵有生意越做越好，就越来越感到"狗不理"的绰号难听，就给自己的店铺取了个雅致的牌号，唤作"德聚号"。这个牌号虽然好听，但人们还是"狗不理"不离口。

有一天，几位外埠客商专程来品尝"狗不理"包子，一进门就问："老板，这儿是'狗不理'吗？"高贵有一听，立刻恼火起来，犟着脖子，粗着嗓子说道："咱这儿有招牌，是德聚号，你们长没长眼睛？'狗不理'在那边，要去趁早。"客商们一看，果然不是"狗不理"，转身出门去找了一圈，又转回来了，对高贵有说道："你就是'狗不理'呀！怎么开这种玩笑呢！"高贵有一看，这个绰号是怎么也甩不掉了，现在连外埠人也知道了，没有办法，只好任人家去叫。

就这样，"狗不理"的名号越传越广，狗不理包子也越来越被人们喜欢，成了中国著名的传统风味点心。

耳朵眼炸糕

耳朵眼炸糕由刘万春（1874—1962）创制于清朝光绪十八年（1892年），至今已有一百多年历史。刘万春的炸糕选料精，制作细，风味独特，物美价廉，在炸糕同行中出类拔萃，独树一帜，他本人也赢得了"炸糕刘"的绰号。由于刘万春开的"刘记炸糕铺"位于天津北大关东侧一条狭长的"耳朵眼胡同"旁，广大食客传诵："耳朵眼那儿的炸糕真好。"传久了，便谐称

▲炸糕

刘记炸糕为"耳朵眼炸糕"。美誉不胫而走，生意持续兴隆。

十八街大麻花

十八街大麻花的问世之日比以上"二绝"晚了好几十年，始创于20世纪30年代。以"桂发祥"和"十八街"为商标的天津大麻花，因它的发祥地就在如今天津河西区东楼十八街一带，所以俗称"十八街大麻花"。

十八街大麻花的创始人是河北大城县人范桂林。他于1915年出生于一个贫苦农民家庭，父亲早亡，他与母亲和两个哥哥艰难度日。1924年，年仅9岁的范桂林与11岁的二哥范桂才，由母亲带着逃荒，一路要饭来到天津，借住在南楼村，谋求生计。

1928年，13岁的范桂林经人介绍，到东楼十八街的一家麻花铺当伙计。他每天帮工炸好麻花，然后提着食篮沿街叫卖。过了几年，范桂林又改去南楼村刘家麻花铺当伙计，仍然干着炸麻花和卖麻花的活计。范桂林趁着在两家麻花铺学徒和帮工的时机，细心揣摩，认真学习，熟练地掌握了炸麻花的配料成分和炸制的火候、技术。从1936年起，范桂林便辞了帮工的活计，自己在东楼十八街附近摆设小摊，炸制麻花叫卖。他炸制麻花的技术很不错，炸成的麻花好看又好吃，很受顾客喜爱，所以小摊生意很好，很快就攒了一笔钱。范桂林懂得摆摊总不是长久之计，就出钱在小摊附近买下一间小小店面，正式开了一家麻花铺，字号叫"桂发祥"。

油炸麻花是天津人喜爱的一种大众小吃，当时全市有不少卖炸麻花的店铺和摊档，层次质量各不相同，竞争也很激烈。范桂林为了在竞争中取胜，反复试制，设计出一套别出心裁的制作工艺。他把炸麻花用的面改为半发面，还在麻花白条中间夹放一条含有桃仁、桂花、青红丝、冰糖等各种配料的酥馅。经过这样制作的坯料，炸出来的麻花酥脆香甜，别有风味，而且只要存放在干燥处，虽经多日仍然酥脆口味不变。此外，范桂林的麻花尺寸较大，能炸出几斤重的大麻花，而且里外一样酥脆，这是其他店铺难以做到的。这些大麻花不仅色香味美，而且造型美观，简直像绝妙的艺术品，令人不忍下口。于是范桂林炸的大麻花出了名，"桂发祥"闻名遐迩，而"十八街大麻花"也成了天津著名的特产。

十八街大麻花出名后，范桂林依然坚持原来的投料标准和操作工艺，决不依仗名声而偷工减料。他的配料都有严格标准，例如炸制一个半斤重的麻花，要用油4两、白糖2两5钱、冰糖半两。在和面时，要根据气温的高低变化，适当增减食碱数量。炸制时炉火不能过猛，须用温火炸透。所以他炸出的金黄酥脆大麻花，深受顾客欢迎。

新中国成立后，这一具有天津风味特色的小吃逐渐走向全国。1959年，桂发祥的十八街大麻花参加了全国商品展览会。

锅巴菜

"吃在天津"，意指天津人饮食讲究。除驰名中外的"天津四绝"之外，锅巴菜也是一大名吃。顾名思义，锅巴菜即是用锅巴作为主料，配以佐料制成的美食。在津门各处，凡是有卖早点的地方，锅巴菜是必不可少的一道菜。相传天津锅巴菜的创始者是《水浒传》中菜园子张青和母夜叉孙二娘的后人张兰。清朝乾隆年间，乾隆帝三下江南，回宫途中，微服至天津，经过张记煎饼铺，要掌柜只用煎饼做碗汤。老板张兰灵机一动，便把焦糊的老煎饼撕碎，放上细盐、香油、香菜，开水一冲，端给了乾隆爷。乾隆爷平日所食山珍海味过于油腻，吃到这种汤倒很觉新鲜爽口，便追问此菜何名，张兰答曰"锅巴"。乾隆觉得加一菜字更为贴切，从此便有了"锅巴菜"。

驴肉香肠

中国有句俗语，"天上龙肉，地上驴肉"，驴肉以其质高味美而被尊为上乘佳品。秦皇岛临洺关的"驴肉香肠"正是选用精驴肉，剁成肉末，加绿豆粉勾芡，再把小磨香油、多种名贵作料用老汤调制成糊状，灌入驴肠衣内，扎成小捆，经高温蒸煮灭菌，最后用果木熏制而成的。

清朝末年，冀南一带蝗旱为灾，赤地千里，民不聊生，百姓逃荒，十室九空。在逃荒人流中，有一家饭店掌灶师傅叫杜山竹，素有卤肉、灌肠的好手艺，来到了临洺关。那时，临洺关还是个人口较少的小镇子，南大街有一家经营多年的驴肉铺。掌柜的叫郭大然，幼年时接受了祖上传流下来的熏肉技术，后在配料、火候上进行加工，煮出来的驴肉在冀南一带享有盛名，煮多少当天卖多少，生意兴隆，畅销各地。特别是驴板肠，又香又烂，肥而不腻，因而在乡亲中流传着"能舍孩子娘，不舍驴板肠"的说法。北东街口，也有一家驴肉铺，掌柜的叫韩留柱，他煮出肉来，十天半月卖不出去，尽管在香料、加工、火候上打主意，想办法，仍然很少有人问津。他眼看着郭家生意兴旺，心中憋着一口闷气，但也无可奈何，只好埋怨自己命穷。杜山竹师傅流浪到临洺关，从郭大然铺前经过，闻到一股扑鼻肉香，案前围着一伙顾客争

▲秦皇岛

相购买。杜师傅虽然没有品尝肉味，但却知道掌柜的是卤肉高手，等顾客走后，便走进肉铺，与郭大然闲唠，问煮肉下料之事。郭大然说："这是祖传百年老汤，不需加啥香料。"山竹知道这是打发外行的话，也不便多问，话不投机，便起身走出了肉铺。当走到北东街口韩留柱的铺子前时，又有肉味扑鼻而来，可一个顾客也没有，二人便慢慢攀谈起来。韩留柱吐露了财运不佳，一直追不上郭大然的愤懑之情。山竹说："我可以叫你在肉食业上夺个状元。"留柱大喜，问明山竹来历，原来是同行，便留山竹在家中寓居，由山竹教授灌驴肠的技术。山竹先把驴肉洗净，吹起晾干，把煮熟的肋肉剁成肉末，再用肉汤调和粉芡，加花椒、茴香、砂仁、陈皮、肉桂、丁香、姜末等香料，用白油和肉末、粉糊一起调拌，然后灌入肠衣中，下锅煮两个小时。出锅后，果然是见所未见，闻所未闻。香肠弯如新月，粗似儿臂，入口生津，香飘十里，这便是民国初年的"临洺关香肠"。韩留柱是个有心人，品尝驴肠后感到香味不浓，肠衣惨白不脆，又把灌油改成芝麻香油，煮熟之后再用松烟熏蒸，终于成了远近驰名的"熏肠"，即现在秦皇岛的临洺关香肠。

圣旨骨酥鱼

　　古时候，有个年近古稀的老宰相，娶了个名叫彩玉的小媳妇。彩玉年方二九，长得如花似玉。自从嫁给这位老宰相，虽说有享不尽的荣华富贵，可她总是闷闷不乐，暗暗埋怨父母不该把她嫁给一个老头子。一天，彩玉独自到后花园赏花散步，碰上了住在花园旁边的年轻帅气的家厨。这位赵姓家厨做得一手好吃的祖传圣旨骨酥鱼。彩玉和年轻的家厨相谈甚欢，一见钟情。从那时起，彩玉常常偷偷地到花园里同赵姓家厨相会。有一回，彩玉对赵厨子说：“你我花园相会，好时光总让人觉得缠绵难分。我有一计，可使咱俩天天多在一起相处。”赵厨问：“什么妙计？”彩玉就如此这般地说出了自己的主意。原来，老宰相恐怕误了早朝，专门养了一只朝鸟。这鸟天天五更头就叫，老宰相听到鸟叫，就起身上朝。彩玉让赵厨子四更前就来用竹竿捅朝鸟，让它提前叫唤，等老头子一走，他俩就可团聚了。这天，老宰相听到朝鸟的叫声，连忙起身。等来到朝房门外，刚好鼓打四更。他想，这鸟怎么叫得不准了！他转身回家发现了真相。但他并没有声张，又上朝去了。老宰相在中秋节时把彩玉和赵厨子叫在一起，作诗道：“中秋之夜月当空，朝鸟不叫竹竿捅。花枝落到粉团上，老姜躲在门外听。”赵厨子一听，自知露了馅，赶忙跪在桌前，说：“八月中秋月儿圆，小厨知罪跪桌前。大人不把小人怪，宰相肚子能撑船。”彩玉见事情已经挑明，也连忙跪倒在地，说：“中秋良宵月偏西，十八妙龄伴古稀。相爷若肯抬贵手，粉团刚好配花枝。”老宰相听了哈哈大笑说：“花枝粉团既相宜，远离相府成夫妻。两情若是久长时，莫忘圣旨骨酥鱼。”彩玉和赵厨子听了，连忙叩头谢恩。从此，宰相肚里能撑船这个典故和圣旨骨酥鱼慢慢在民间开始流传。

大连位于辽东半岛南端，东濒黄海，西临渤海，南与山东半岛隔海相望。

大连靠海吃海，是全国重点水产基地之一，盛产鱼、虾、蟹、贝、藻类等海鲜，大连美食首推海鲜，兼蓄中外之长，形成了自己的独特风格。

大连的名菜有红烤全虾、清蒸灯笼鲍鱼、清蒸加吉鱼、五彩雪花扇贝、大连虾酱、油爆海螺、红烧海味全家福、炒海肠子、八仙（鲜）过海、珍珠海胆、群鸭抱海参、彩蝶虾等。

除了海鲜，还可以选择烧烤。大连烧烤也和海味有关，海鲜也可拿来烧烤。比如大连的特色铁板烤鱿鱼，可是全国有名的。大连的烧烤店通常营业到半夜，夜市很热闹，是三五好友聚会的好地方。

大连人很多老一辈都是从山东过来的，因此它的

▲大连风光

一些小吃也是从山东传来后，经过上百年改良而成的。其中最著名的要数大连特色小吃焖子。

大连焖子主要是用地瓜淀粉熬制出来的，然后结成块，一般早些时候都是用手掰成小块，但现在的商家求快，更多的是用锅铲直接铲成块状，然后用油把两面煎成硬皮，调上酱油、芝麻酱、捣碎的大蒜即可。那味道简直好吃得不得了。这焖子好吃的一大主要原因是它的调料部分，调料要是做得好，它的味道就会随风而飘，吸引无数的食客。现在在大连的各大饭店，都可以看到一道菜，它的名字就叫三鲜焖子，说白了就是煎好的焖子，浇上炒好的海鲜食材，融入大连的海鲜特色，味道非常可口。

不过因为焖子的主要成分是地瓜淀粉，不容易消化，所以每次都不能吃得太多，这样也能留下念想，总是期待着下一次的光顾。

拌海凉粉

海凉粉是大连的特产，原料是生长在海底礁石上的一种叫牛毛菜的水草，将它晒干后上锅熬七八个小时，再过滤、晾凉后切成条形便成海凉粉。拌海凉粉比北京人惯常吃的绿豆凉粉更爽嫩，如琼脂一般，是夏季一道清新的开胃凉菜。

海参

海参是一种棘皮动物，是高蛋白、低脂肪、低胆固醇的名贵海味之一。它在海味中是最有滋补价值的，常食海参有延年益寿的功效。海参种类很多，可分为刺

▲辽参

参、光参和秃参，其中以刺参品质最佳。长海县海洋岛产的梅花参，比其他地方产的刺参多一行刺，因而更有名气。吃海参没有季节限制，不过在烹饪时要讲时令，夏季吃清汤海参为宜，清淡爽口；冬季以吃红烧海参为佳，味道醇厚。

清蒸灯笼鲍鱼

把带壳的活鲍鱼，切成灯笼形状，放入原壳，用葱、姜、盐、味精等做调料，上屉蒸7分钟即成。这道海鲜既保持原有形状和色泽，用筷子提起来像灯笼，放在彩盘上，又像一支大菊花，吃时再蘸上汁液，特别鲜美爽口，沽酒而餐，别有风味。这样吃，既可尝到味美的鲍鱼肉，又能观赏鲍鱼的原样，还可带回美丽的鲍鱼壳留做纪念，真是一举三得。

五彩雪花扇贝

五彩雪花扇贝主料是新鲜活扇贝和蛋清，配料是青豆、葱、料酒、酱油和味精。由蛋清制作的像银白色的雪花镶嵌着颗颗犹如珍珠的扇贝，周围用时令菜叶、胡萝卜、辣椒等摆成图案做装饰，五彩缤纷，质嫩味鲜，清淡爽口，食而不腻。

炒海肠子

海肠子是软体动物，身体呈半透明状，颇像一截肠头，因此得名。大连只有夏家河子海滩盛产海肠子。它营养价值高，味道最为鲜美，素有7个海肠子胜过1个鸡蛋的说法。海肠子吃法不少，把它洗净切成丝，用时令菜蔬拌、炒均可。

盘锦美食

　　盘锦地区的人们在美食上喜欢猎奇，尤以食野菜为俗。常食的野菜有碱蓬、苣荬菜、打碗花根、小根蒜、荠菜等。

　　碱蓬是盘锦最令人称奇的野菜，本地土名为"盐积菜"。碱蓬不但给盘锦市创造了红海滩的奇景，而且它浑身是宝，含有多种营养元素，还有降糖降压，防治心脏病和增强人体免疫力等药用功效。

　　苣荬菜在盘锦地区的土名又为苦荬菜、取麻菜。苣荬菜味苦生香，最宜洗净蘸酱生吃，地方俗语称"取麻菜蘸酱，越吃越胖"，此外它还可凉拌和做鸡蛋汤，是佐餐佳品。

　　打碗花根又称"甜根"，生命力极强，即使只有一小截根，只要经风沐雨就能迅速生长。打碗花根挖回来，用水洗净后就可当零食吃。打碗花根中含有大量的淀粉和糖分，过去农家人把它剁碎后掺进玉米面中，做锅贴馍馍。

　　小根蒜是根部微缩的独头蒜，可蘸酱生食、凉拌、腌制咸菜、炖小鱼，既下饭又下酒。用小根蒜和猪肉剁馅包成的玉米面菜饺子更是风味独特。

　　婆婆丁，即蒲公英，可算是长得最让人喜欢的野菜了。可炒菜吃，也可生食，味道清香爽口。

　　荠菜是野菜中的骄子，把荠菜剁碎调成肉馅可包饺子、蒸包子、做馄饨、烙馅饼，还可烩豆腐、炒鸡蛋，用它做成的食品美味清香，令人回味无穷。

盘锦河蟹

河蟹腿毛长短适中，多为深褐色，盖上的马蹄印记清晰可见。放置于鼻前，盘锦的河蟹有盐碱水的味道。经过海水与河水的"熏陶"，盘锦河蟹带着独特而迷人的香气。一般每年的9月25日至10月5日，盘锦河蟹最肥美，这时的河蟹肉质紧实，味道鲜甜。

盘锦河蟹食用方法多种多样，蒸蟹、煮蟹、烧蟹、醉蟹、蟹豆腐各有其道。清蒸河蟹：将经过挑选的蟹洗净，最好是养半天，使它排净腹中污物，放入锅内隔水蒸熟，鲜美恰到好处。煮蟹：锅内加水加盐，将洗净的蟹放入煮熟，味道也特别鲜，只是水分大。卤蟹：就是将盐水熬成卤，晾凉了再下蟹，这样卤出的河蟹，冬天吃起来最爽口，贮存的时间也长。

▲盘锦

醉蟹：调盐糖姜蒜和花椒类作料于高粱或黄酒缸内，将活蟹洗净放入，让蟹吃饱喝足地醉过去，用油纸将缸口扎紧密封，醉腌到一定的时间，即可开坛食用，风味独特。炒蟹：将鲜活的蟹洗净扒开，再用油炒，加酱、葱、蒜，醋是少不了的，吃起来既脆且香。烧蟹：野炊时候的一种吃法。在野地里将逮着的野蟹后足串住，放在火堆里烧熟后食用，这种吃蟹法最能尝得蟹鲜。蟹豆腐：将洗净的蟹扒开，摘心去肺，碎骨滤杂，沸水凝膏，食用滑溜爽口，余香绵长。以上的做法只是寻常百姓桌前、灶上之事，其实蟹的深加工饮食技法有多样，举不胜举。

盘锦食蟹花样不少，但都没有脱去"鲜"，多具有追求海鲜的生食性特征，追求自然、原始的野味，有着北方人"大碗喝酒，大块吃肉"的豪爽粗犷的地域风情特点。俗话说："民以食为天"，蟹美食是综合文化的体现。从盘锦人食蟹上，可以看出盘锦的地域文化积淀的特点。

聚宝良盆话资源

变幻万千的海洋，蕴藏着丰富的生物资源、化学资源、空间资源，为千年前的古人提供"渔盐之利，舟楫之便"。进入现代，它又为人类提供工业不可或缺的石油、天然气资源，并可为人类提供经济社会可持续发展必不可少的水资源。

海洋里究竟藏着多少宝贝，就让我们一起走近渤海这个聚宝良盆吧！

天然鱼池

自古以来，海洋生物就是人类食物的重要来源，而鱼类又是海洋生物中最重要的一类。

海洋渔场从地理角度划分一般可分为四种：第一种是大陆架渔场，水深在200米以内，其中按离陆远近及水深不同，又可分为沿海渔场、近海渔场和外海渔场。中国习惯上将水深浅于40米的海区称沿海渔场，40～80米的海区称近海渔场，80米以上的称外海渔场。第二种是深海渔场，一般远离海岸，水深自大陆架边缘200米起，至水深1 000米以上。第三种是洋区渔场，渔获物以中上层的捕捞对象为主。第四种是极地渔场，接近南、北极的高纬度海区，有极为丰富的水生生物资源，如南极磷虾，是极有前途、可供开发的渔场。

渤海的最深处也只有80多米，平均水深19米，因此属于沿海渔场。因为地处温带，东南与黄海相连，又有辽河、滦河、海河和黄河流入，海水中含有大量的有机物质，肥沃的水质使得浮游生物丰富，天然饵料多，加上渤海水浅坡度缓，表层水温年平均为11.5℃～12.4℃，环境条件比较稳定，适合鱼类的生长与繁殖，因此渤海成了多种鱼、虾、蟹、贝类繁殖、栖息、生长的"家园"，有"天然鱼池"之称。

由于渤海位置和海流等自然条件的影响，盛产的鱼、虾、贝类水产品丰富，其中主要的鱼群种类就有

100多种，主要分布在庙岛群岛、渤海湾、莱州湾一带。带鱼是中国海洋四大鱼产之一，主要分布在莱州湾一带；其他鱼类如梭鱼、鲅、鲆等鱼在渤海沿岸也有分布。其他海洋动物和植物种类也很多，共约170种。软体动物有乌贼和鱿鱼，甲壳类有虾和蟹，哺乳类有海豹，腔肠动物有海蜇，棘皮动物有海参，海绵类和海藻类有海带、紫菜和石花菜等。

渤海的渔场很多，北部就有望海寨、菊花岛和大清河口渔场。

千里银滩

盐是我们日常生活中的必需品，早期的海盐制造，是支起很大的铁锅，燃起熊熊的柴火，烧干一桶桶的海水而煎熬出来的。后来，人们在低洼的海边，圈起封闭的海湾，开辟出盐田，利用自然界的太阳热力和风力的蒸发作用，晒海水制盐，比起"煮海为盐"进步巨大。进入工业化时期，海水制盐又增加了机械化的工艺，极大地提高了生产效率。

渤海沿岸是中国重要的产盐区，主要盐区有辽东湾盐区、莱州湾盐区和长芦盐区。

辽东湾盐区

辽东湾盐区分布在辽东老铁山至山海关1 000多公里的海岸线上，有复州湾、营口、金州、锦州和旅顺五大盐场，其盐田面积和原盐生产能力占辽宁盐区的70%以上。

▲大连风光

大连复州湾盐场始建于1848年，平均年产海盐80万吨以上，加工食用盐25万吨以上，占东北地区生产总量的1/3以上。它是东北地区规模最大的两碱化工用盐及民食用盐的供应基地，是大连市唯一的国家食盐定点生产企业。

营口盐场处于辽东湾盐区，生产能力可达80万吨，产品畅销东北地区，远销日本、朝鲜、加拿大、荷兰、以色列等30多个国家和地区。现有海盐、盐化工和水产养殖三大系列优质产品近20种，其中盐化工产品主要有白色氯化镁、黄色氯化镁、融雪剂、溴素、硫酸镁、氯化钾等。盐系列产品主要有工业盐、真空再制精盐、粉洗精盐、粉碎洗涤盐、日晒盐、融雪盐、渔盐、畜牧盐、腌渍盐等。

莱州湾盐区

莱州湾盐区历史悠久，早在春秋时代，这里的制盐业就相当发达。现在莱州湾盐区仍是山东省海盐的主要产地，包括烟台、潍坊、东营、惠民的17个盐场，盐田总面积约400平方公里，沿岸地下卤水储量也很丰富，达76亿立方米，折合含盐量8亿多吨，是罕见的储量大、埋藏浅、浓度高的"液体盐场"。

中国传统的制盐方法是利用低浓度海水为原料的海滩晒盐，总是需要依靠扩大盐田面积才能增加产量，这必然受到了滩涂面积的制约。老盐田技术改造投资大，见效慢，效率低，也不适应发展需要。莱州湾盐区是中国最早利用地下卤水资源的地区，1979年，山东省最先开始进行莱州湾沿岸地下卤水综合利用研究。利用地下卤水的"井滩晒盐"，被认为是海盐生产的第二次技术革命（第一次革命是由海水煎煮转变为滩晒）。目前，中国地下卤水的开发利用已由莱州湾盐区逐步扩展到山东、河北、天津、

辽宁各个盐区，并已向华东、华南沿海诸省市推进。

长芦盐区

长芦盐区的开发历史悠久，明朝时期，长芦镇就设置了管理盐课的转运使，负责统辖河北全境的海盐生产。到了清代，这一机构移至天津，但是仍然沿用"长芦"这个旧名，称"长芦盐区"。现在长芦盐区是中国最大的产盐地区，北起山海关，南至黄骅县，全部在河北、天津境内，长370多公里，年产量达400多万吨，占全国海盐产量的1/3以上，其中河北沧州是全国最大的工业盐产区。

长芦盐场之所以能成为中国最大的盐场，得益于地形和气候两方面的因素。长芦盐场处于渤海湾的西岸，这里有漫长、宽广、平坦的泥质海滩，有利于开辟盐田，并且这里春季气温回升快，雨季短，日照充足，有利于海水蒸发浓缩。同时这里的盐民也具有丰富的晒制海盐经验，能较好地利用湿度、温度、风速等有利气象要素。

在环渤海地区长达5 800公里的海岸线上，大连、天津、青岛等60多个大小港口星罗棋布，形成中国乃至世界上最为密集的港口群，它们是中国北方对外贸易的重要海上通道。

"龙兴之地"——天津港

天津港是国际闻名的中国最大人工海港，这与它的区位优势是分不开的。它地处渤海湾西端，位于海河下游及其入海口处，是中国华北、西北和京津地区的重要水路交通枢纽，也因此被称为"京都的门户"。它又是环渤海港口中与华北、西北等内陆地区距离最短的港口，也是亚欧大陆桥的东端起点，这一切，决定了它不可忽视的地位。

天津港的历史悠久。天津现在的位置是黄河改道前由泥沙冲积形成的平原，从秦汉到宋元，历代在天津地区都没有停止过挖渠开河、设官建治等活动。古黄河曾经三次改道，3 000年前在宁河县附近入海，西汉时期在黄骅县附近入海，北宋时在天津南郊入海。宋时黄河入海口南移，天津的海岸线才逐渐固定下来。

战国时期，这里已有先民劳作生息。汉武帝在武清设置盐官。隋朝大运河的开通，使南运河和北运河的交会处"三岔河口"成为天津最早的发祥地。唐朝时期在芦台开辟了盐场，在宝坻设置盐仓。唐朝中

海岸明珠

▲天津港

期以后，天津成为南方物资北运的水陆码头。宋朝在海河以南设立许多军事据点以防辽军南下。金朝在三岔口设立军事重镇"直沽寨"，当时天后宫附近已形成街道。元代海漕开通，直沽成为漕运枢纽，为此在大直沽专设了接运厅和临清万户府并修建粮仓。延祐三年（1316年）直沽设了"海津镇"，是当时的军事重镇和漕运中心，但天津作为一个具有完整意义的都市是从明朝开始的。1368年，明太祖朱元璋建立明朝，为了巩固王朝权力，将自己的儿子们封王派往各地驻守，其中第四个儿子朱棣被封为燕王，驻守北京。1398年，朱元璋病死，由朱元璋的长孙朱允炆继位，史称建文帝。1400年，朱棣发兵与其侄子建文帝争夺皇位。他率兵从直沽出发攻陷南京，夺取了皇位。1402年，朱棣即位，为了纪念开始发兵的"龙兴之地"，朱棣把"直沽"这个"天子渡河之地"赐名为天津。"天"是天子的意思，而"津"是指渡口的意思。天津得到赐名后，于同年设置了军事部门。当时天津设有天津卫、天津左卫、天津右卫，统称三卫。至今人们经常提到的"天津卫"一词，就是从此而来。

在军事部门设立的同时，天津卫也开始了筑城建设，以后经过百余年的发展，在明清两朝多次重建，规模不断扩大。天津各方面都有了较快发展，特别是粮、盐成为天津两大经济支柱。永乐帝建都北京后，南方的物资都需经天津转运，天津的航运开始了大规模的发展。

1860年，清政府被迫与英国和法国签订了《北京条约》，天津被辟为通商口岸，1861年1月20日正式对外开埠。此后，由于直沽港河窄淤浅，英、法、美开始在天津紫竹林租界一带沿河筑港，港区中心开始东移至紫竹林一带，兴盛了700多年的直沽港区逐渐失去了转运的功能，开始衰落。

1900年帝国主义入侵中国占领塘沽后，为停泊军舰、运送物资和军队，各国开始在塘沽区相继构筑码头。1937年七七事变后，日本入侵，接管了在天津和塘沽的大部分码头，在海河口北岸距离海岸线5公里处修筑新港，这就是天津新港的由来。1945年，日本投降，国民党政府接管塘沽新港、紫竹林和塘沽码头，对原日本筑港工程进行维护性建设。1950年，天津港口正式成立了交通部天津港务局，1973年9月，天津港成功开辟了中国第一条国际集装箱航线。1980年，天津港建成中国第一个集装箱码头。

随着历史的足迹，我们看到了天津港的千年兴衰，现在的天津港，水陆域面积近260平方公里，陆域面积72平方公里。目前，天津港航道最大可进出30万吨级船舶，水深最深达19.5米，25万吨级船舶可以随时进港，30万吨级船舶可以趁潮进港。

天津港主要分为北疆、南疆、东疆、海河四大港区，共拥有各类泊位140余个，使用岸线长度18 162米，设计通过能力21 399万吨，集装箱通过能力525万标准箱。北疆港区以集装箱和杂货作业为主；南疆港区以干散货和液体散货作业为主；海河港区以5 000吨级以下小型船舶作业为主；东疆港区为天津港的一个新港区，规划面积为30平方公里。

天津港的对外交通十分发达，已形成了颇具规模的立体交通集疏运体系。京哈、京沪、京津三条铁路干线在此交会，并外接京广、京九、京

包、京承、京通、陇海、包兰、兰新等干线与全国铁路联网。

随着腹地经济的发展，天津港正逐步发展成为设施先进、功能完善、运行高效的现代化、多功能的综合性港口。

营口港

营口港位于环渤海经济圈与东北经济区的交界点，是距东北三省及内蒙古腹地最近的出海口，因此，其陆路运输成本相对周边港口低，具有非常明显的优势。

营口港常年风向为南向，年平均气温9.8℃，最高气温35.3℃，最低气温—27.3℃。年平均降水量549.9毫米，年平均雾日9.5天。老港区一般在12月份中旬至翌年3月中旬为结冰期，封冻期间停止作业。

营口港开埠于1861年，是东北第一个对外通商口岸，也是辽宁中部城市群通向世界的"海上走廊"。清朝末年，营口开港后，国外商品、京广杂货运集营口再分销东北，东北的大豆、山货等商品则由营口港转销海外。这里，市场繁荣，贸易兴旺，轮声帆影，万船云集，有"百年商埠"之称。

近代初期，帝国主义列强纷纷闯进营口，英、法、德、日、美等11个国家闯入这个繁华的港口。他们肆无忌惮地倾销商品，掠夺资源，奴役人民，激起营口人民反帝爱国运动的浪潮。1948年，中国人民解放军在营口打胜了辽沈战役的最后一战，使营口获得了新生，翻开了新的一页。

从"百年商埠"到爱国热血的抛洒冲洗，营口港终于又恢复了从前的繁荣面貌。营口港现划分为营口港区、鲅鱼圈港区和仙人岛港区，陆域面积20多平方公里，共有包括61个生产泊位，最大泊位为20万吨级的矿石码头和30万吨级的原油码头。三大港区中营口港区主要为城市物资运输服务；鲅鱼圈港区是核心港区，重点发展矿石、煤炭、集装箱、钢材、油品、粮食、商品汽车等的运输，是东北地区重要的物流基地；仙人岛港区的布局以大型石化等工业为依托，逐步发展成为大型综合性公用港区。

营口港交通便捷，沈大高速、哈大公路沿港区而行，又有长大铁路直通码头，现已开通了数条专线。营口港至哈尔滨、大庆、长春、德惠、公主岭、四平、松原、佳木斯、牡丹江、绥芬河有多条集装箱班列专线。还有经满洲里直达欧洲、经二连浩特直达蒙古国的国际集装箱专列。营口港还开通了到达日本、韩国和东南亚等国家和地区的十几条国际班轮航线和多条可中转世界各地的内支线。

锦州港

锦州港位于渤海的西北部，是中国通向东北亚地区最便捷的进出海口。它是中国纬度最高的港口，也是距东北中部和西部、内蒙古东部、华北北部乃至蒙古国、俄罗斯西伯利亚等陆域距离最近的港口。另外，锦州坐落于东三省经济圈和华北经济圈交界处，是联结关内与关外的枢纽城市。在辽西400公里海岸线上，锦州港也是唯一的一个一类开放口岸。

锦州港所在地属于温带季风气候，全年无台风袭扰，冬季冻而不封，

▼营口港

365天均为有效营运时间。锦州港是一个年轻的深水良港，相比同处于渤海湾北部的营口港和大连港，锦州港的历史较为短暂，建于1986年10月，1990年正式对外开放。

锦州港的腹地自然资源丰富，石油、煤炭、木材、矿石的储量在全国占较大比重，同时还是机械、化工、钢铁、建材的重要制造基地，而密集的工业城市群落，为锦州港提供了长期稳定的货源，是港口发展的强大源动力。

目前，锦州港已经拥有15个码头，其中6个油品码头、1个25万吨级深水油码头、7个散杂货码头、2个集装箱码头，设计吞吐能力达3 265万吨。

锦州港具有四通八达的立体交通网络，铁路及高速铁路、公路及高速公路、港口、机场、管道等五种现代化的立体交通设施已经基本完善。

大连港

大连港地处辽东半岛南端的大连湾内，以东北三省为经济腹地，是东北的门户，也是东北地区最重要的综合性外贸口岸，又位居西北太平洋的

▲锦州港

中枢，是正在兴起的东北亚经济圈的中心。大连港夏季不热，冬天不冷，属于海洋性气候，年平均气温10.4℃，全年以北风及西北风最强，次数最多。年平均降水量为600毫米。7、8、9三个月雨量集中，可占全年的2/3。每年入春以后，雾逐渐增加，7月雾略多，但对船舶出入影响不大。9月份以后很少有雾。港区有的年份有部分结冰，约为60天，但结冰厚度为5~20毫米，对船舶航行靠泊毫无影响。并且大连港附近没有大河流汇入，也没有海域泥沙的影响，港阔水深，不淤不冻，自然条件非常优越。

1897年11月，德国军舰武装占领胶州湾，沙俄便借此机会打着"友好援助"的幌子，派军舰占领了旅顺口，并决定在青泥洼地区开港建市。1899年8月11日，沙皇尼古拉二世发布建立自由港的敕令，并将青泥洼改名为"达里尼"（俄文"远方"的意思）。

1904年2月8日夜间，日本联合舰队突然袭击盘踞在旅顺港的沙俄舰队，日俄战争爆发。1905年，日本在日俄战争中战胜沙俄后，将"达里尼"改名为"大连"，这个名字本是中国古代用来称呼大连湾的，又与俄文中的"达里尼"谐音。由于战争中大连港遭到了严重的破坏，日本取代沙俄对旅大地区的统治后，日本军国主义侵华的帮凶南满铁路株式会社便开始着手对大连港进行维修和扩建。

1945年日本投降，苏联根据《雅尔塔协定》的有关条款接管了大连港，开始了为期5年的代管大连港时期。1951年1月1日中国正式收回大连港。同年2月1日，举行大连港移交仪式。苏联移交的大连港陆域面积8.07平方公里、水域面积8 506平方公里。自此，大连港由外国人统治和管理的历史宣告结束，开始了新的历史纪元。

大连港回到祖国怀抱后，港口规模逐步扩大，如今，已经从日本侵占

时期的千万吨级港口变成了当今世界上为数不多的亿吨级大港，346 平方公里的自由水域，10 余平方公里的陆地面积，都显示着大连港的迅速发展。港内还有铁路专用线 150 余公里、仓库 30 余万平方米、货物堆场 180 万平方米、各类装卸机械千余台；拥有集装箱、原油、成品油、粮食、煤炭、散矿、化工产品、客货滚装等 80 来个现代化专业泊位，万吨级以上泊位 40 多个。

大连港交通十分方便，全国最长的沈大高速公路与东北地区的国家公路网络相连接。经东北铁路网连接着俄罗斯和朝鲜，海上运输已开辟香港、日本、东南亚、欧洲等国际集装箱航线。

秦皇岛港

秦皇岛港地处渤海之滨，扼东北、华北之咽喉，是中国重要的对外贸易口岸，也是目前世界上最大的煤炭输出港和散货港。港口经济腹地辽阔，是中国华东、华南经济发达地区主要能源供给港，担负着中国南方"八省一市"的煤炭供应，同时它也是东北、华北两大经济区域的大型商贸港，港口进出口货类主要为煤炭、石油、矿石、化肥、粮食、水泥、饲料等。

秦皇岛港始建于1898 年，是中国清代光绪皇帝御批的唯一自开口岸。这里海岸曲折，港阔水深，风平浪静，春、秋季多西南风，冬季为东北风，夏季多南风。年平均降水量656.2毫米，降水主要在6月至8月，此间降水量占全年降水总量的70%以上。多年平均气温10.3℃。夏季最热在8月份，月平均气温24.5℃，冬季最冷在1月，月平均气温-6.5℃。附近海域每年初冰日为11月下旬，终冰日为翌年3月上中旬，冰期平均为105天，最长可达124天，常年岸边有少量固定冰，冰的厚度一般为10~30厘米，5米等深线以外很少出现固定冰，对船舶航行和港口装卸运输生产无影响，万吨货轮可自由出入。

港口目前共有 11.59 公里海岸线，水域面积 226.9 平方公里，拥有全国最大的自动化煤炭装卸码头和设备较为先进的原油、杂货与集装箱码头，10 万吨级的航道和先进的通信导航系统，利用 GPRS 技术，保证超大型船舶在狭长航道的安全通行。港口共有生产泊位 45 个，港口设计年通过能力 2.23 亿吨，其中，煤炭设计年通过能力 1.93 亿吨。下水煤炭、出口煤炭均占全国沿海港口下水总量的 40％以上，是中国北煤南运的主要通道。

港口有着便利的集疏港条件。港口建有 170 多公里的自有铁路，有国内较先进的机车和编组场。京山、沈山、京秦、大秦四条铁路干线直达港口。京沈高速公路、102国道、205 国道、秦承公路与疏港路相连。港口又扩建了港区公路，修建了5 座立交桥，形成铁路、公路、管道、船载、空运等循环合理的港口集疏运网络。

港口对外交通发达，海上运输可到达沿海各港及长江中下游港口，秦皇岛港目前与世界上80多个国家和地区的港口通航，先后开通了至香港、日本、韩国等的国际集装箱班轮航线。

▲秦皇岛

海底乌金

石油被称为"海底的乌金"，美国的墨西哥湾盆地于1865年发现第一个油田，1896年从美国加利福尼亚的圣马利取出第一滴石油，是人类首次开采水下石油的记录。1949年前，苏联在南里海钻探，取得了工业油气勘探的突破，成为继美国之后第二个进行海洋石油生产的国家。20世纪50年代开始，火热的世界油气勘探和开采工作逐步由陆地转向海洋。至今，已超过100个国家和地区在近50个沿海国家的海域从事油气勘探和开发，并取得长足的发展。

目前，人们主要集中在浅海开发油气，如波斯湾的水深不过50米，而中国的渤海湾平均水深不足20米，是进行油气勘探、钻探、开采的理想场所。随着造船术的提高，开发资本的积累，海洋及海底空间定位技术的发展，人们逐渐有能力向深海进军，油气的勘探开发也从滨海逐渐向浅于200米深的大陆架和深度在2 000～3 000米的大陆坡发展。

渤海海上石油是中国海洋石油开发的先驱，物探工作开展最早，钻井数目最多，已建成的固定生产平台占全国同类平台总数的90%以上。

冀东滩海地区的油气勘探始于1988年，在其后的14年间开展了自营勘探和合作勘探，但未取得实质性突破。从2002年开始，中石油调整部署，转变勘探思路，加强地质综合研究，强化精细三维地震勘探，配

▲渤海邮轮

套应用大位移斜井和水平井钻井技术、模块式地层动态测井技术，将一系列地质勘探和工程施工方面的难题一一克服。2004年9月，老堡南1井勘探取得重大突破，试采22个月稳定日产量200吨以上。在此基础上，通过近两年半时间的勘探，冀东南堡油田共发现四个含油构造，探明储量40 507万吨，控制储量29 834万吨，预测储量20 217万吨，天然气地质储量1 401亿方（折算油当量11 163万吨）。冀东南堡油田地质上为渤海湾盆地黄骅坳陷北部的南堡凹陷，在整个渤海湾地区，类似冀东南堡油田的地质构造多达60个，这些构造中也可能蕴藏有丰富的油气资源。

未来动力

渤海除了以上海洋资源外，还拥有极其丰富的海洋能源资源，包括潮汐能、波浪能、温差能、风能、潮流能等。潮汐、风暴潮与海啸，是一种客观的存在，人力无法改变自然现象。风暴潮、海啸的威力过于强大，而且神出鬼没，难以驾驭。唯有潮汐，如钟表一般十分稳定，开发价值最大，技术上也较成熟。

据估计，地球上海洋潮汐蕴藏的能量约为27亿千瓦，若全部转换成电能，每年发电量大约为1.2万亿度。

体现潮汐能量大小的要素之一是潮水落差。渤海海岸带中的河口与海湾，惊涛拍岸，浪高如墙，是潮汐能的聚集区。只要在河流入海口或海湾，拦腰筑起一道堤坝，坝堤设有海水的出入口。坝内外数米高的水位差，让出入口的海水永远激流澎湃，推动水轮，水轮带动发电机转动，由此产生强大的电流。

据探测，渤海沿岸，河北、天津沿海的平均潮差为1.01米，可发电能0.09亿度。山东沿海的平均潮差为2.36米，可发电能2.92亿度。辽宁沿海的平均潮差为2.57米，可发电16.1亿度。

▲渤海邮轮

变害为宝

渤海海冰是中国重要的海洋灾害之一，它封锁港口、堵塞航路、冻结船舶、破坏海上采油平台，给港口设施、海上交通和海洋生产造成严重威胁。事实上，海冰既是自然灾害，也是一种自然资源。在科学家的眼里，数量巨大的海冰无论是对日益缺乏淡水的地球，还是对追求可持续发展的人类，都无疑是一个值得研究的重大课题。

渤海因所处的地理位置及受气象条件影响，每年冬季都有程度不同的结冰现象。特别是1月至2月上旬，冰情较重，称"盛冰期"，整个环渤海地区，辽东湾冰期最长，冰情也最严重，其次是渤海湾和莱州湾。重冰年时渤海除海区中央及渤海海峡外，几乎全被海冰覆盖，辽东湾绝大部分海域被封冻，南部湾口处有大量的浮冰块，冰块大小不一，小则几平方米，大则达几十平方公里，几千吨的海轮都无法通行。

现在，中国科学家已经开始研究用海冰来增加淡水供应。一般大洋水的含盐量在35‰左右，近海海水盐度是27‰~29‰，而海冰浮冰的盐度仅在7‰至9‰。在结冰过程中，盐分被不断析出，因此海冰具有很大的利用空间。据测算，环渤海地区储存的海冰正常年份可开采300亿立方米淡水，最大年份可开采800亿~1 000亿立方米淡水，按平均值计算，约相当于黄河1年460亿~500亿立方米的入海流量，也就是说，环渤海

海冰如果全部淡化，相当于一条黄河的水量，也因此有人说渤海暗藏了一条黄河。

近两三年的冬季，科研人员在辽宁瓦房店基地和河北黄骅基地开展了海冰淡化中间试验，顺利地完成了海冰从采集、输送到脱盐、存储的完整工艺过程，海冰淡水盐度为2‰以下，达到了国家有关生活用水的水质标准。目前已研制出的岸边采集设备每小时可采海冰200立方米，海上采集设备每小时可采海冰1 000立方米。

环渤海沿岸大连、营口、盘锦、葫芦岛、唐山、天津、黄骅、威海、龙口等港口城市均为淡水资源比较匮乏地区，在这些城市附近建成海冰水库，利用海冰淡化技术淡化海水，将为经济社会发展提供新的淡水资源。

渤海除了上述各种资源外，海底还有天然气、煤、铁、铜、硫和金等矿物，藏量也相当丰富。在现代人的眼里，海洋是一个巨大魔箱式的宝库，其中所蕴藏的可资利用的资源，就是一种几乎用之不竭的宝藏。作为"聚宝盆"，渤海还有更丰富的资源等待人类的勘探。

蓄势腾飞话经济

　　渤海地区以丰富的渔业、港口、石油、海盐、旅游等资源及其宜人的自然环境条件，为地区的经济发展注入了无限的生机。第一产业的蓬勃发展带动了海洋化工、修造船、水产加工、石油化工、纺织等第二产业和第三产业的发展。渤海地区已经成为中国人口素质和密度最高，经济和文化教育最发达，科技力量和工业基础最雄厚的地区之一。

　　20世纪80年代"环渤海经济圈"概念的提出，拉动了环渤海地区经济战略的调整。北京、天津、河北、山东等地依照自己的优势寻找新的经济定位，以京津冀为中心、以山东半岛和辽东半岛为两翼的经济发展战略，正以一种全新的姿态改变着渤海地区的经济状况。

经济增长第三极

环渤海经济圈指包括京津冀、山东半岛、辽东半岛在内的环渤海区域所形成的经济地带，包括三省两市：北京市、天津市两直辖市，河北省、山东省和辽宁省三省。全区陆域面积达112万平方公里，总人口2.6亿人，占中国国土的12%和人口的20%。环渤海地区共有157个城市，约占全国城市的四分之一，其中城区人口超百万的城市有13个。环渤海区域拥有丰富的矿产资源、强大的科技资源、雄厚的工业基础、发达便捷的交通网络、密集的城市群和优越的人力资源条件等优势。该区域被经济学家誉为继珠三角、长三角之后中国经济的第三个增长极，在中国对外开放的沿海发展战略中占有极其重要的地位。

近年来环渤海经济发展迅速，从1995—2008年环渤海区域的总量由1.3万亿元提高到7.8万亿元，在全国GDP的比重中，也从21.40%提高到25.79%。

作为中国最重要的经济区之一，进入21世纪以来，环渤海区域经济发展迅猛，经济总量进一步增大。2008年，环渤海区域三省两市共实现增加值77 564.65亿元。第一产业实现增加值6 574.64亿元，第二产业实现增加值40 505.92亿元，第三产业实现增加值30 484.08亿元。第一、二、三次产业的比重分别为8.48%、52.22%、39.30%。从比重可以看出，环渤海区域的产业结构以第二产业为主要地位，第三产业次之，呈现出良好的工业化结构特征。

环渤海区域的第一产业辽宁、河北和山东三省。其中辽宁省第二产业2008年实现增加值7 512.1亿元，河北省2008年第二产业实现增加值8 777.4亿元，山东省第二产业发展最好，2008年实现增加值17 702.2亿元。

环渤海区域第三产业主要集中在河北、北京、山东三个省市。河北省第三产业2008年实现增加值5 376.6亿元，北京市第三产业2008年实现增加值7 682.1亿元，山东省实现增加值10 367.2亿元。

优势产业的分布

从环渤海经济圈概念的提出到现在，已经经过了30年的快速发展。目前，环渤海区域已经形成了煤炭、汽车制造、电子信息、钢铁、石油化工等一批具有较强竞争力的优势产业。

环渤海区域的农业发达，耕地面积达2 656.5万公顷，约占全国耕地总面积的1/4以上，粮食产量占全国的23%以上。此外，环渤海区域还是中国的棉花、油料、花生等经济作物的主要产区，也是全国重要的水果产区。

环渤海海洋经济

环渤海大陆海岸线总长5 000多公里，拥有丰富的海洋资源，主要包括海洋渔业、海洋交通运输业、海洋船舶工业、海盐业、海洋油气业、滨海旅游业等。其中大连船舶重工集团有限公司、渤海船舶重工有限责任公司等大型船舶制造企业是中国重要的船舶制造基地。在中国2008年金属船舶制造行业销售收入排名中，大连船舶重工集团有限公司位居第一位。在油气方面，目前环渤海区域拥有众多大型资源类企业，包括华北油田、大港油气田、冀东油田、渤海油气田等重要石油生产企业。海盐业方面，辽宁、河北、天津、山东是中国北方海盐的主要产区。

煤炭工业

环渤海区域有中国重要的煤炭资源基地。辽宁省、河北省和山东省都有大型煤田分布。在全国煤炭前100强企业中，环渤海区域就拥有20家以上。辽宁省有沈阳煤业集团、阜新矿业集团等大型煤炭企业。河北省有开滦集团、金能集团、峰峰集团等大型煤炭企业。山东省有兖矿集团、新汶矿业集团、枣庄矿业集团、淄博矿业集团等大型煤炭企业。

机械工业

环渤海区域在重型机械、冶金矿山设备、化工设备、发电设备等行业具有较强优势。辽宁是新中国最早建立起来的重工业基地，在产品种类、产值、企业数量等方面，在全国机械工业中的比重占10%左右，居全国第三位，仅次于上海市和江苏省。在冷冻设备、暖风机、机床配件等国内市场占有率超过30%。山东省机械产品总量占到了全国的12%左右，其中农机工业总量一直居全国首位。

钢铁工业

环渤海区域是中国最大、最重要的钢铁生产基地。其中河北是中国的第一钢铁大省，到2008年，钢铁产量已经连续七年全国第一。辽宁也是中国的钢铁大省。本区域内大型钢铁企业众多，有北京市的首钢总公司，天津天铁冶金集团、河北省的唐山钢铁集团、邯郸钢铁集团，辽宁省的鞍山钢铁集团、本溪钢铁集团、北台钢铁集团，山东省的济南钢铁集团、莱

芜钢铁集团等大型钢铁企业。

环渤海区域高新技术产业发展情况

北京市和天津市，聚集了众多大学和科学研究所，具有高新技术产业发展的绝对优势。北京有国内最大的电子资讯产品交易、产品研发基地中关村。随着中关村的崛起，一批世界著名跨国公司如惠普、松下、微软、西门子、爱立信、三星等也纷纷在北京设立了区域总部、研发中心或生产基地。山东省成为全国重要的家电、电子生产基地，已形成软件、通信产业、家电产业、计算机及外设产品、光电子、射频识别技术六大优势产业。天津市已经成为全国最大的电子通讯设备、液晶显示器等的生产基地，目前初步形成了高新产业密集区，相对集中的包括天津经济技术开发区、天津新技术产业园区等。河北省在高新技术产业方面已经形成了生物医药、电子信息、光机电一体化和新材料等四大优势产业。辽宁省高新产业也有较快发展，以沈阳、大连为龙头，重点发展动漫、软件和信息服务等。

首钢集团建于1919年，是以钢铁业为主，兼营采矿、机械、电子、建筑、房地产、服务业、海外贸易等的大型企业集团。首钢在中国钢铁工业发展史上占有举足轻重的地位。解放前的30年，首钢累计产铁28.6万吨。1958年建起了中国第一座测吹转炉，结束了首钢有铁无钢的历史。1964年建成了中国第一座30吨氧气顶吹转炉，揭开了中国炼钢生产新的一页。1978年钢产量达到179万吨，成为全国十大钢铁企业之一。1979年到2003年，首钢集团累计向国家上交利税费358亿元。2004年首钢集团实现利润12.47亿元，销售收入619亿元，集团在册职工12万人。

随着北京城市中心区地域的扩展，首钢"进入了"城区中，首都的功能与工业生产的矛盾越来越大，必须进行工业结构的调整。从20世纪90年代开始，北京的许多工业企业相继退出了城区，首钢是中国钢铁工业的发祥地和重要生产基地之一，搬迁绝非易事。但是，如果首钢继续守在北京，因为各方面的限制，它将与中国其他钢铁企业的差距越拉越大。为了企业的未来，首钢从高层到普通员工，形成了搬迁的共识。

首钢要走出去在全国选择新的厂址，一座位于渤海湾中的小岛——曹妃甸进入了首钢的视野。这座因埋葬唐太宗的妃子曹氏而得名的岛屿，曾在孙中山先

首钢搬迁的循环经济之路

生的《建国方略》中就被提到过，认为可作"北方大港"。它背靠大陆的一面是水深只有1.5米左右的浅滩，而面向大海的一侧则陡然深达25米，不用疏浚就可停靠25万吨以上的巨轮。由于各种原因，这座岛屿长年荒芜，一直没有得到开发。这对于首钢来说无疑是个绝佳的选址。加之河北也是钢铁大省，首钢搬迁到曹妃甸后，将与唐山钢铁集团联合，整合河北的钢铁企业，淘汰落后产能，依靠当地丰富的资源和渤海湾这个唯一25万吨级大港直进直出的优势，打造国际先进的钢铁联合企业。

从京津冀三地区域经济发展的角度来说，北京拥有知识经济等优势，天津拥有加工制造业和海运等优势，河北则拥有重化工业和资源等优势，三方优势有着很强的互补性。强化京津冀更深层次的合作，将更有利于提升区域的整体竞争力。

在新的城市定位下，2005年，首钢开始外迁。2005年6月30日，首钢的功勋高炉——五号高炉停产拆迁，标志着具有八十多年辉煌历史的首钢这一中国最大的钢铁联合企业涉钢系统搬迁的正式启动。2006年5月9日，首钢二号焦炉停产，2010年12月，首钢高速线材厂的传动铁链停止了转动。伴随着首钢北京石景山钢铁主流程全部停产，首钢排放的空气污染物从最高时的近9 000吨，剧减至零，从根本上消除了对大气的污染。2011年1月13日，首钢集团总公司举行"北京石景山钢铁主流程停产仪式"，标志着首钢搬迁已顺利完成、产业结构调整进入关键性阶段。

▲首钢现代城市

中国未来的鹿特丹

伴随着首钢集团的搬迁，位于河北省唐山市南部沿海的曹妃甸开发区正试图在沿海的滩涂地上建设一个可吸纳100万人口的新城，可称得上是世界上规模最大的精卫填海工程。

曹妃甸作为工业园的优势非常明显。它地处唐山南部的渤海湾西岸，位于天津港和京唐港之间，距天津70公里，离唐山85公里，离北京220公里，距秦皇岛170公里。其腹地华北、西北、东北地区物产齐全，煤炭、石油、铁矿石、原盐等资源丰富。在工业上，产业布局集中，经济基础雄厚，产业的区域配套能力较强，适合大规模、高密度发展现代重化工业。其腹地唐山市工业历史悠久，被誉为"中国近代工业的摇篮"，已形成煤炭、钢铁、电力、建材、机械、化工等重化工业产业群，是全国重要的能源、原材料基地。曹妃甸人力资源也很丰富，尤其是从事机械加工、装备制造等方面的技术工人数量多、水平高，而且京津的巨大人才储备和强大的研发能力也为曹妃甸多开发建设提供了有力的人才和技术支撑。曹妃甸的水资源可供量也相对充裕，引滦河入唐供水系统为主水源，引桃林口水入唐供水系统为辅助水源，再通过海水淡化等措施，可满足曹妃甸港区和临港工业区的用水需求。再者，岛后滩涂广阔，与陆域相连，浅滩面积达450平方公里，为临港工业和城市的发展提供了

充足的建设用地。

为开发钢铁厂建设用地，唐山曹妃甸钢铁围海造地有限公司2004年9月注册成立。该公司由三个股东共同投资，其中首钢占51%，唐钢占44%，唐山建设投资公司占5%。到2020年，曹妃甸工业区将靠围海吹填形成方圆310平方公里的陆域，新建一座达国际先进水平的钢铁企业，它将集成220项世界先进的工艺，将华北地区的钢铁企业进行优化重组，极大地提高中国钢铁工业的竞争能力。

曹妃甸工业区的规划区中除了钢铁，还集中了石油、化工、机械制造、现代物流等大型企业。2009年曹妃甸工业区在原有现代港口物流、钢铁、化工、装备制造四大主导产业的基础上，把高新技术产业纳入主导产业。从此，五大主导产业引领相关配套产业布局曹妃甸，使曹妃甸的产业体系更加科学、更加健全、更加合理，产业发展更加充满活力。

在曹妃甸紧张的布局和施工建设中，一个个有纪念价值的日子被记录了下来。

2005年12月16日，唐山港曹妃甸港区正式通航。建设中的深水大港，航道最深可达36米，可停靠25万吨级以上的大型货轮，西港区可建深水泊位70个以上，被誉为中国未来的鹿特丹。到2030年，曹妃甸港区年吞吐能力将达到5亿吨。以建设大码头、大钢铁、大电厂、大石化为目标，精品钢材、石油化工、电力生产等重大项目将在这里排兵布阵，一个带动力强、颇具竞争优势的特色产业集群将崛起于渤海湾。

2010年3月16日，曹妃甸在推动产业聚集上写下了重要的一笔。这天，总投资626.7亿元的30个产业项目在曹妃甸工业区集中开工，项目涉及码头建设、钢铁深加工、修造船、机械设备制造、新能源、新材料、光电

▲首钢夕阳

子等产业和领域，标志着曹妃甸大规模产业聚集时代的到来。

2010年5月底，曹妃甸工业区累计完成产业项目投资800亿元，形成了新的产业格局：现代港口物流、钢铁、化工、装备制造、高新技术五大主导产业竞相发展，新能源、新材料、节能环保、光电、电动汽车等新兴产业加快集聚，科学发展示范区的建设加快进行。

在抓紧现有项目建设的同时，曹妃甸工业区还立足长远，积极谋划了大型石油炼化、原油储备基地、电动汽车城、燃煤发电供热、海洋工程装备、大型海水淡化、塑料光纤、新型建材、大型木材进口加工等一批重大产业项目，总投资超过2 000亿元。

曹妃甸这块"黄金宝地"将真正成为一个新型工业化基地，引领中国工业走向未来。

137

脱胎换骨的辽宁老工业基地

辽宁老工业基地是新中国成立后，国家实施工业化发展战略，通过建设一批重点工业项目形成的。"一五"时期，在国家的大力支持下，辽宁初步形成了以能源、冶金、机械、建材为主的重工业基地。长期以来，辽宁不仅为国家建设提供了大量的物资和装备，而且输送了大批人才和技术，为中国建设独立完整的工业体系和国民经济体系，推动工业化和城市化进程，增强国防实力和综合国力，作出了历史性的贡献。

随着改革开放的不断深入，辽宁在长期计划经济体制下积累的矛盾日益突出，进入20世纪90年代中期，市场化程度较低导致经济增长的内在动力不足，传统产业技术装备老化导致产品市场竞争能力下降，就业和再就业矛盾突出导致社会保障压力较大，一些贫困地区和资源枯竭地区经济发展缓慢导致省内地区间发展差距扩大。辽宁老工业基地调整改造已经成为重要而紧迫的战略任务，势在必行。

大力推进产业结构调整和优化升级，是辽宁老工业基地调整改造和振兴的主要任务。辽宁老工业基地从全国和世界市场需求和自身优势的结合出发，以结构调整为主线，坚持市场导向，依靠科技进步，走新型工业化道路，推进产业结构优化升级，相继实施了结构调整、外向牵动、科教兴省和可持续发展等战略，力求成为全国乃至东北亚地区不可替代的地域。在沈阳，多家重型机械厂，重组原来自有的铸造中心、锻造中心、加工中心，以加工中心为纽带，打造联合的制造业企业群，并以高密度集聚的人才技术、研究开发与加工能力吸引国内外装备制造业加盟，最终形成世界级的新兴装备制造业核心基地。2006年，辽宁装备制造业增加值居产业之首。

中国鞍山钢铁工业公司，在向国内各行业提供优质钢材的同时，集成创新，自行开发了中国第一条拥有全部自主知识产权1700中薄板坯连铸连轧带钢生产线，2006年11月，由鞍钢提供的国产1700轧机联合生产设备在济南钢铁工业公司投入生厂，其国际领先的技术水平，改写了中国钢铁工业依赖引进装备重大冶金设备的历史。

大连、沈阳机床集团总量占据着全国高档数控机床的半壁江山，它们

▲沈阳

通过"引进来"和"走出去"的战略，提高了自主创新能力。在2004年上海通用汽车工业公司举行高速加工中心国际招标会上，大连机床以技术与价格的综合优势，战胜了来自德国和日本的竞争对手，打破了国产高速加工中心打进世界一流汽车制造商的"零"纪录。

2006年也是辽宁生产总值近二十多年来增长最快的一年，增长了13.8%，精确反映经济增长的用电量和铁路货运量分别增长10.6%和10.4%。一些主要经济指标增幅开始达到并超过东部地区平均水平。与此同时，辽宁省几个长期处于弱势的经济发展指标急剧上升。辽宁老工业基地调整改造和振兴是一项长期而艰巨的历史性战略任务。2010年，已经基本实现了辽宁老工业基地振兴的总体目标。主要有以下标志：经济实力显著增强，经济结构调整取得明显成效，社会主义市场经济体制较为完善，经济体系较为开放，各项社会事业全面发展，人民群众生活的质量和水平显著提高。

天津滨海新区地处华北平原北部，位于山东半岛与辽东半岛交会点上、海河流域下游、天津市中心区的东面，拥有中国最大的人工港、最具潜力的消费市场和最完善的城市配套设施。以新区为中心，方圆500公里范围内还分布着11座100万人口以上的大城市。2009年11月，国务院批复了天津市报送的《关于调整天津市部分行政区划的请示》，同意撤销天津市塘沽区、汉沽区、大港区，设立天津市滨海新区，以原塘沽区、汉沽区、大港区的行政区域为滨海新区的行政区域。

滨海新区雄踞环渤海经济圈的核心位置，与日本和朝鲜半岛隔海相望，直接面向东北亚和迅速崛起的亚太经济圈，置身于世界经济的整体之中，拥有无限的发展机遇。对内，滨海新区交通发达，海、陆、空立体交通网络发达，是连接海内外、辐射"三北"的重要枢纽。同时拥有跻身世界20强深水大港的天津港，是中西部重要的海上大通道，滨海国际机场是中国重要的干线机场和北方航空货运中心。滨海地区自然资源丰富，这里有1 199平方公里可供开发建设的荒地、滩涂和少量低产农田。滨海新区还是中国重要的石油开采与加工基地，电子信息业名列全国前茅，海洋化工历史悠久，生产规模和产品质量全国领先。这一切优势条件使得滨海新区成了国内外公认的发展现

天津滨海新区

代化工业的理想区域。

滨海新区的开放布局为"一轴、一带、三个城区、七个功能区"。"一轴"指沿京津唐高速公路和海河下游建设"高新技术产业发展轴"。"一带"指沿海岸线和海滨大道建设"海洋经济发展带"。"三个城区"指在轴和带的T形结构中，建设以塘沽城区为中心、大港城区和汉沽城区为两翼的宜居海滨新城。"七个功能区"指先进制造业产业区、滨海高新技术产业区、滨海化工区、滨海新区中心商务商业区、海港物流区、临空产业区和海滨休闲旅游区以及若干现代农业基地。

随着滨海新区开放水平的不断提高，2010年，天津滨海新区实现了跨越式发展，现工业总产值10 653.6亿元，增长33.2%；财政收入实现1 006亿元，增长36.1%，其中地方财政收入623.2亿元，增长36.8%；全社会固定资产投资3 352.7亿元，增长34%。

经过十年不懈努力，昔日的荒滩如今已初步建成了以外向型为主的经济新区，形成了电子通讯、石油开采与加工、海洋化工、现代冶金、机械制造、生物制药、食品加工等七大主导产业。同时，一大批国际知名的企业落户新区，一栋栋的高楼和工厂不断建成，基础设施和公共设施正在迅速完善，一个现代化海滨城市的已经诞生。

核心加两翼发展新战略

2005年推出的"十一五规划"中，正式确立了"以北京—天津—滨海新区为发展轴心，以京津冀为核心区，以辽东、山东半岛为两翼"的环渤海湾经济圈发展战略。

京津冀的新定位

京津冀都市圈是指以北京市和天津市为中心，囊括河北省的石家庄、保定、秦皇岛、廊坊、沧州、承德、张家口和唐山八座城市的区域，占地183 704平方公里，占全国总面积的1.9%，人口7 605.13万人，占全国总人口的5.79%。截至2010年底，全年地区生产总值已达29 400亿元，占全国经济总量的9.7%。

京津冀都市圈发展具有其优势。北京是京津冀都市圈最显著的优势核心。此外，津冀都市圈云集了发展现代化工业所需的能源、黑色金属、有色金属、化工原料、建筑材料等矿产资源；滨海新区拥有1 200多平方公里的可开发土地资源和河北省3 000多平方公里的后备土地资源；拥有渤海湾丰富的海洋资源和天津港、曹妃甸港等天然优良港口。再者，京津冀都市圈产业体系完整。这里既拥有信息传媒、科技创新、金融服务、文化体育等高端产业，也有通信设备、计算机及其他电子设备制造业、汽车制造、医药制造等现代制造业，还有铁矿、煤矿、石油开采、黑色冶金、石油加工、综合化工以及农业生产等基础产业。

在京津冀都市圈的规划中，北京城市功能定位是国家首都、国际城市、文化名城、宜居城市，重点发展第三产业，以交通运输及邮电通信业、金融保险业、房地产业和批发零售及餐饮业为主。同时，充分发挥大学、科研机构林立，人才高度密集的优势，与高新技术产业园区、大型企业相结合，积极发展高新产业，以发展高端服务业为主，逐步向外转移低端制造业。

天津城市的功能定位是构建国际港口城市、北方经济中心和宜居生态城市。天津主要发展航空航天、石油化工、装备制造、电子信息、生物医药、新能源新材料、国防科技和轻工纺织等先进制造业和现代物流、现代商贸、金融保险、中介服务等现代服务业，并适当发展大运量的临港重化工业。

河北八市定位在原材料重化工基地、现代化农业基地和重要的旅游休闲度假区域，也是京津高技术产业和先进制造业研发转化及加工配套基地。

辽宁沿海新格局

在中国改革开放的态势图上，沿辽东半岛两翼2600多公里是一片沉寂已久的海岸线，按世界通行的经济区域理论，距海岸线100公里以内的地区被称为黄金带，全世界经济总量的60%集中在这条黄金带上，80%的特大城市也集中在这条黄金带上。而在辽东半岛两翼，处于这一黄金地带的辽宁十多个城市和占全省三分之二面积的陆域，仍处于内向经济发展之中。依托沿海开放，对于老工业基地的振兴及带动辽宁经济增长来说，具有特殊的意义。

近年来，经过调查研究和反复酝酿，辽宁省委、省政府提出了建设"五点一线"沿海经济开放带的战略，使辽宁成为连接关内与关外、沿海与腹地和整个东北亚经济圈的入海的桥头堡和战略通道，辽宁新的沿海战略自此启动。

"五点一线"中的"五点"包括沿渤海一侧的大连长兴岛临港工业区、辽宁（营口）沿海产业基地、盘锦辽滨沿海经济区、辽西锦州湾沿海经济区，以及沿黄海一侧的辽宁丹东产业园区、大连花园口经济区；"一线"是指西起葫芦岛市绥中县、东至丹东东港市，连接"五点"全长1 443公里的滨海公路。

"五点一线"首期规划开发沿海滩涂200平方公里，相当于辽宁省改革开放二十多年来各类开发区面积的总和。从提出战略设想到现在，完成基础设施投资45亿元，注册入区项目113个，投资总额279亿元。

山东蓝色经济区

2009年4月，胡锦涛总书记视察山东时强调指出："要大力发展海洋经济，科学开发海洋资源，培育海洋优势产业，打造山东半岛蓝色经济区"。2011年1月6日山东省政府晚间通报，国务院已正式批复《山东半岛蓝色经济区发展规划》，这标志着山东半岛蓝色经济区建设成为国家海洋发展战略和区域协调发展战略的重要组成部分。

山东也是最便捷的出海通道。这里海岸线长3 000多公里，占全国的1/6。拥有优良港湾70余处，此外，山东省海洋科技优势明显，拥有海洋科

研、教学机构55所，包括中科院海洋研究所、中国海洋大学、国家海洋局第一海洋研究所、中国水产科学研究院等一大批国内一流的科研、教学机构，海洋科技人员达到1万多名，占全国同类人员的40%以上。

经济区规划主体区范围包括山东全部海域和青岛、东营、烟台、潍坊、威海、日照6市及滨州市的无棣、沾化2个沿海县，所属陆域分为主体区和核心区，其中主体区为沿海36个县市区的陆域及毗邻海域，核心区为9个集中集约用海区，分别是：丁字湾海上新城、潍坊海上新城、海州湾重化工业集聚区、前岛机械制造业集聚区、龙口湾海洋装备制造业集聚区、滨州海洋化工业集聚区、董家口海洋高新科技产业集聚区、莱州海洋新能源产业集聚区、东营石油产业集聚区。

在蓝色经济区中，龙口湾、莱州、潍坊、东营、滨州集聚区属于环渤海经济圈的南部隆起带。根据蓝色经济区的规划，龙口湾海洋装备制造业集聚区发展重点是海洋工程装备制造业、临港化工业、能源产业、物流业。莱州海洋新能源产业集聚区发展重点是盐及盐化工业、海上风能产业。潍坊海上新城发展重点是海洋化工业、临港先进制造业、绿色能源产业、房地产业、海上机场等。东营石油产业集聚区发展重点是中国最大的战略石油储备基地后方配套设施区、海洋石油产业、商务贸易业。滨州海洋化工业集聚区重点发展海洋化工业、海上风电产业、中小船舶制造业、物流业。作为区域发展崭新的一页，山东将在环渤海经济圈发挥其优势，为该区域的发展书写新的经济篇章。